MANNING

U0147418

# Kafka
## 实战

# Kafka
## IN ACTION

迪伦·斯科特 (Dylan Scott)

[美] 维克托·盖莫夫 (Viktor Gamov)　著

戴夫·克莱因 (Dave Klein)

薛命灯　译

人民邮电出版社

北　京

**图书在版编目（CIP）数据**

Kafka实战 / （美）迪伦·斯科特（Dylan Scott），
（美）维克托·盖莫夫（Viktor Gamov），（美）戴夫·克
莱因（Dave Klein）著；薛命灯译. -- 北京：人民邮
电出版社，2023.7
ISBN 978-7-115-61444-5

Ⅰ．①K… Ⅱ．①迪… ②维… ③戴… ④薛… Ⅲ．①
分布式操作系统 Ⅳ．①TP316.4

中国国家版本馆CIP数据核字(2023)第052342号

◆ 著　　[美] 迪伦·斯科特（Dylan Scott）
　　　　　维克托·盖莫夫（Viktor Gamov）
　　　　　戴夫·克莱因（Dave Klein）
　译　　薛命灯
　责任编辑　谢晓芳
　责任印制　王　郁　焦志炜
◆ 人民邮电出版社出版发行　北京市丰台区成寿寺路 11 号
　邮编　100164　电子邮件　315@ptpress.com.cn
　网址　https://www.ptpress.com.cn
　三河市君旺印务有限公司印刷
◆ 开本：800×1000　1/16
　印张：13.75　　　　　　　　　　2023 年 7 月第 1 版
　字数：283 千字　　　　　　　　2023 年 7 月河北第 1 次印刷
　著作权合同登记号　图字：01-2022-3688 号

定价：89.80 元

读者服务热线：(010)81055410　印装质量热线：(010)81055316
反盗版热线：(010)81055315
广告经营许可证：京东市监广登字 20170147 号

# 内容提要

　　本书旨在介绍 Kafka 的核心功能，以及如何在实际项目中使用它。本书主要内容包括 Kafka 的核心概念，如何使用 Kafka Connect 设置和执行基本 ETL 任务，如何将 Kafka 用于大型数据项目，如何执行管理任务，如何生成和使用事件流，如何在 Java 应用程序中使用 Kafka，如何将 Kafka 实现为消息队列等。通过阅读本书，读者应该很快就会掌握如何在日常工作流程中使用 Kafka，还可以开始深入研究更高级的 Kafka 主题。

　　本书适合软件开发人员阅读，也可作为计算机相关专业的教材。

# 献词

谨以本书献给 Harper，他每天都让我感到骄傲，也献给 Noelle，她每天都为我们的家庭带来更多的快乐，也献给我的父母、姐姐和妻子，他们一直是我坚强的后盾。

——Dylan

谨以本书献给我的妻子 Maria，感谢她在我写作本书的过程中给予我的支持。这是一项非常耗时的任务，为了写作本书，我需要像海绵一样挤出时间。没有她的鼓励，就不会有现在的成果。此外，我还想把本书献给我的孩子 Andrew 和 Michael，也要感谢他们，他们是如此天真可爱。当人们问他们爸爸在哪里工作时，他们会说："爸爸在 Kafka 工作。"

——Viktor

谨以本书献给我的家人——Debbie、Zachary、Abigail、Benjamin、Sarah、Solomon、Hannah、Joanna、Rebekah、Susanna、Noah、Samuel、Gideon、Joshua 和 Daniel。最后，我所做的每一件事都是为了让生活更美好。

——Dave

# 致谢

## Dylan 的致谢

    首先我想对我的家人说声谢谢。我对他们每天给予我的支持和爱感激不尽——我爱他们。感谢 Dan 和 Debbie，他们一直是我坚实的后盾。感谢 Sarah、Harper 和 Noelle，我无法用寥寥数语来表达我对他们的爱和自豪之情以及他们所给予我的支持。感谢 DG 一家，也谢谢 JC。

    我还要感谢我的一些同事和技术伙伴，他们不断激励我，推动了本书的写作进程，他们分别是 Becky Campbell、Adam Doman、Jason Fehr、Dan Russell、Robert Abeyta 和 Jeremy Castle。谢谢 Jabulani Simplisio Chibaya，不仅感谢他的评论，也感谢他亲切的话语。

## Viktor 的致谢

    我要感谢我的妻子，感谢她给予我的支持。还要感谢 Confluent 的 Ale Murray、Yeva Byzek、Robin Moffatt 和 Tim Berglund。他们正在为强大的 Apache Kafka 社区贡献着不可思议的工作成果！

## Dave 的致谢

    我要感谢 Dylan 和 Viktor，他们带着我一起体验这场令人兴奋的旅程。

## 三位作者共同的致谢

    我们要感谢 Manning 出版社的编辑 Toni Arritola，本书的出版离不开他的指导。我们也要感谢在 Toni 接手之前的第一任编辑 Kristen Watterson，感谢技术编辑 Raphael Villela、Nickie Buckner、Felipe Esteban、Vildoso Castillo、Mayur Patil、Valentin Crettaz 和 William Rudenmalm。我们也感谢 Chuck Larson 在图片方面给予的巨大帮助，以及 Sumant Tambe 对代码的审校。

    Manning 出版社的团队在从本书出版到推广的整个过程中提供了非常大的帮助。经过编辑、修订，本书的内容和源代码中仍然可能存在一些拼写错误或问题（至少我们还没有见过一本不带勘误表的书），但这个团队确实帮忙将这些错误的数量降到了最低。

我们要感谢 Nathan Marz、Michael Noll、Janakiram MSV、Bill Bejeck、Gunnar Morling、Robin Moffatt、Henry Cai、Martin Fowler、Alexander Dean、Valentin Crettaz 和 Anyi Li，他们非常乐于让我们提及他们的工作，并提供了非常好的建议和反馈。

感谢饶军愿意花时间为本书写序，我们为此感到很荣幸。非常感谢！

我们非常感谢整个 Kafka 社区（包括 Jay Kreps、Neha Narkhede 和饶军）和 Confluent 的团队，他们推动了 Kafka 的发展，并允许我们在本书中使用他们提供的一些材料。至少，我们希望我们的工作能够鼓励开发人员一起来关注 Kafka。

最后，我们要感谢所有的审校人员——Bryce Darling、Christopher Bailey、Cicero Zandona、Conor Redmond、Dan Russell、David Krief、Felipe Esteban、Vildoso Castillo、Finn Newick、Florin-Gabriel Barbuceanu、Gregor Rayman、Jason Fehr、Javier Collado Cabeza、Jon Moore、Jorge Esteban Quilcate Otoya、Joshua Horwitz、Madhanmohan Savadamuthu、Michele Mauro、Peter Perlepes、Roman Levchenko、Sanket Naik、Shobha Iyer、Sumant Tambe、Viton Vitanis 和 William Rudenmalm，他们的建议让本书变得更好。

我们可能会漏掉一些名字，如果有，希望他们能够原谅我们。我们对他们感激不尽。

# 作者简介

  Dylan Scott 是一名软件开发者,拥有十多年 Java 和 Perl 开发经验。在第一次将 Kafka 作为大型数据迁移项目的消息系统之后,Dylan 又进一步探索 Kafka 和流式处理的世界。他使用过各种技术和消息队列产品,包括 Mule、RabbitMQ、MQSeries 和 Kafka。Dylan 拥有 Sun Java SE 1.6、Oracle Web EE 6、Neo4j 和 Jenkins Engineer 等方面的证书。

  Viktor Gamov 就职于 Confluent 公司。Confluent 就是那家开发基于 Kafka 的事件流平台的公司。在 Viktor 的整个职业生涯中,他使用开源技术构建企业应用程序架构,积累了全面的专业知识。他喜欢帮助架构师与开发人员设计和开发低延迟、可伸缩且高可用的分布式系统。Viktor 不仅是分布式系统、流式数据、JVM 和 DevOps 等主题的专业会议讲师,还是 JavaOne、Devoxx、OSCON、QCon 等活动的常客。他是 *Enterprise Web Development*(O'Reilly 出版社)一书的合著者。

  Dave Klein 担任过开发者、架构师、项目经理、作家、培训师、会议组织者等,主要研究方向是 Kafka 事件流。

# 推荐序

自 2011 年第一次发布以来，Kafka 促成了一种新的动态数据系统类型。现在，它已经成为无数现代事件驱动应用程序的基础。本书展示了基于 Kafka 设计和实现事件驱动应用程序的技能。本书作者拥有多年实际使用 Kafka 的经验，本书中的干货让它变得与众不同。

我们不禁要问："为什么我们需要 Kafka？"从历史上看，大多数应用程序以静态数据系统为基础。每次发生了一些有趣的事件，它们会立即保存在这些系统中，但对这些事件的使用发生在未来，要么在用户主动请求获取信息时，要么在批处理作业中。

在动态数据系统中，应用程序预先定义了当新事件发生时它们需要做些什么。当新事件发生时，它们会近乎实时地自动反映在应用程序中。这种事件驱动应用程序对于企业来说有很大的吸引力，因为企业能够更快地从数据中获得新的结论。转向事件驱动的应用程序需要人们在思维模式上做出改变，但这并非易事。本书不仅为理解事件驱动思维模式提供全面的资源，还提供真实的示例。

本书解释 Kafka 的工作原理，重点介绍开发人员如何用 Kafka 构建端到端的事件驱动应用程序。你将了解构建一个基本的 Kafka 应用程序所需的组件，以及如何使用 Kafka Streams 和 ksqlDB 等开发库构建更高级的应用程序。除构建应用程序之外，本书还将介绍如何在生产环境中运行它们。

我希望你像我一样喜欢本书。愿你能愉快地处理事件流！

—— 饶军，Confluent 联合创始人

# 序

在谈到撰写一本技术图书时，我们经常会被问及这样一个问题：为什么要写成书？至少对于 Dylan 来说，阅读一直是他最喜欢的学习方式之一。另外，这也是为了怀念他读过的第一本编程图书，Andrew L. Johnson 撰写的 *Elements of Programming with Perl*（由 Manning 出版社出版）。他对该书中的内容很感兴趣，和作者一起浏览书中每一页内容充满了乐趣。我们也希望能够捕获到一些与使用 Kafka 和阅读 Kafka 资料有关的实用内容。

在第一次使用 Kafka 时，学习到新东西的兴奋感触动了我们。在我们看来，Kafka 不同于我们以前使用过的消息代理或企业服务总线（Enterprise Service Bus，ESB）。快速构建生产者和消费者、重新处理数据，以及消费者快速处理数据但不影响其他消费者，这些功能解决了我们在过去的开发中遇到的痛点，并在我们研究 Kafka 时给我们留下了深刻印象。

Kafka 改变了数据平台标准，促使批处理和 ETL 工作流接近实时数据反馈。因为这很可能是企业用户所熟悉的旧数据架构的一种转型，所以我们想从之前不了解 Kafka 的用户的角度出发，帮助他们培养使用 Kafka 生产者和消费者的能力，并执行基本的 Kafka 开发和管理任务。在本书的第三部分，我们希望读者能够基于新学到的核心 Kafka 知识深入研究更高级的 Kafka 主题，如集群监控、指标和多站点数据复制。

请记住，技术在不断更新，Kafka 也会继续演变，希望在你阅读到本书时它会变得更好。我们希望本书能够为你提供一条轻松学习 Kafka 基础知识的路径。

# 前言

我们写本书是为了指导开发人员使用 Kafka。本书提供了一些示例，讲解一些关键知识点和用来改变 Kafka 默认行为以满足特定需求的配置参数。Kafka 的核心是关注基础知识，以及如何基于 Kafka 构建其他产品，如 Kafka Streams 和 ksqlDB。本书会展示如何使用 Kafka 来满足各种业务需求，读者在阅读完本书后应该能够熟悉它，并知道怎样着手满足自己的需求。

## 本书读者对象

本书是为任何一位想学习流式处理的开发者而准备的。虽然本书不要求读者具备 Kafka 的先验知识，但如果懂得一些基本的命令行或终端知识会很有帮助。Kafka 提供了一些强大的命令行工具，用户至少应该能够在命令行提示符下执行这些命令。

掌握一些 Java 编程技能或各种语言的编程概念不仅有助于读者从本书中得到更多的收获，还有助于他们更好地理解本书中的代码示例，因为这些代码主要采用了 Java 11（以及 Java 8）的编码风格。尽管不是必需的，但如果读者对分布式应用程序架构的一般性知识有所了解，也会有所裨益。例如，对数据复制和故障了解得越多，就越容易了解 Kafka 是如何使用副本的。

## 本书结构

本书分为 3 部分，共 12 章。第一部分介绍 Kafka 的概念模型，并讨论为什么你会在现实世界中使用 Kafka。

- 第 1 章概述 Kafka，并讲述一些真实的应用场景。
- 第 2 章介绍 Kafka 的高级架构，以及一些重要的术语。

第二部分介绍 Kafka 的核心部分——客户端和集群。

- 第 3 章讨论什么时候应该在项目中使用 Kafka，以及如何设计一个新项目。该章还讲述在启动 Kafka 项目时（而不是在以后）就应该考虑使用 Schema。

- 第 4 章详细介绍如何创建生产者客户端，以及可以通过哪些参数影响数据进入 Kafka 集群的方式。
- 第 5 章介绍如何使用消费者客户端从 Kafka 获取数据。该章还讲述偏移量和重新处理数据的概念，这些都得益于 Kafka 保留消息的特性。
- 第 6 章讨论 Broker 在集群中的作用，以及它们如何与客户端交互。该章还探讨各种 Broker 组件，如控制器和副本。
- 第 7 章探讨主题和分区的概念，包括如何压实主题和存储分区。
- 第 8 章讨论用于处理需要保留或重新处理的数据的工具和架构。如果需要保留数据数月或数年，可能需要考虑使用集群之外的存储系统。
- 第 9 章介绍有助于保持集群健康的日志、指标和管理任务。

第三部分将我们的关注点从 Kafka 的核心部分转移到如何改进运行的集群上。

- 第 10 章介绍如何通过安全套接字层、访问控制列表和配额等特性增强 Kafka 集群。
- 第 11 章深入探讨 Schema Registry，以及如何用它促进数据演化，保持数据集前后版本的兼容性。尽管这是企业级应用程序常用的特性，但它对于随时间发生变化的数据来说是很有用的。
- 第 12 章介绍 Kafka Streams 和 ksqlDB。这些产品都是基于 Kafka 的核心部分而构建的。Kafka Streams 和 ksqlDB 都是大主题，我们只提供了足够的细节来帮助你着手了解这些 Kafka 解决方案。

# 关于代码

本书包含许多源代码，有的是编号的代码清单，有的嵌套在正文中。源代码都使用了等宽字体进行格式化，以便与普通文本区分。大多数情况下，初始源代码经过重新格式化后，我们添加了换行符，并重新修改了缩进，以适应本书的版式。有些时候，这些还不够，代码清单还包含行延续标记（➥）。代码清单中有很多代码注释，用于说明一些重要的概念。

许多代码示例并不完整，它们只是与当前正在讨论的内容相关的摘录。你可以在 GitHub 网站（搜索"Kafka-In-Action-Book/Kafka-In-Action-Source-Code"）和 Manning 出版社网站（搜索"books/kafka-in-action"）上找到本书配套的代码。

# 其他在线资源

下面的在线资源将随着 Kafka 的演变而发生变化。在大多数情况下，对应网站也提供了过去版本的文档。

- Apache Kafka 文档，参见 Apache Kafka 网站。
- Confluent 文档，参见 Confluent Documentation 网站。
- Confluent 开发者文档，参见 Confluent 开发者门户网站。

# 关于封面插图

  本书封面上的人物插图名为"马达加斯加女人"。插图取自 19 世纪法国一个反映地区服饰风俗的作品集，作者是 Sylvain Maréchal。其中每幅插图都是手工精心绘制并上色的。这些丰富多样的服饰生动地展现了 200 年前世界上不同城镇和地区的文化差异。尽管人们相互隔绝，说的是不同的语言，但是仅仅从穿着就很容易分辨出他们住在城镇还是乡间，知悉他们的工作和身份。

  从那以后，着装规范发生了变化，当时丰富多彩的地域多样性已经逐渐消失了。现在很难从服装上区分不同大洲的居民，更不用说不同城镇或地区了。或许，我们已经舍弃了对文化多样性的追求，开始追求更丰富的个人生活以及更丰富和快节奏的技术生活。

  在难以分辨不同计算机图书的时代，Manning 出版社以两个世纪前丰富多样的社区生活融入本书封面，以此来赞美计算机行业不断创新和敢为人先的精神。

# 服务与支持

本书由异步社区出品，社区（https://www.epubit.com）为您提供后续服务。

## 提交勘误信息

作者、译者和编辑尽最大努力来确保书中内容的准确性，但难免会存在疏漏。欢迎您将发现的问题反馈给我们，帮助我们提升图书的质量。

当您发现错误时，请登录异步社区，按书名搜索，进入本书页面，单击"发表勘误"，输入相关信息，单击"提交勘误"按钮即可，如下图所示。本书的作者和编辑会对您提交的信息进行审核，确认并接受后，您将获赠异步社区的 100 积分。积分可用于在异步社区兑换优惠券、样书或奖品。

## 与我们联系

我们的联系邮箱是 contact@epubit.com.cn。

如果您对本书有任何疑问或建议，请您发邮件给我们，并请在邮件标题中注明本书书名，以便我们更高效地做出反馈。

如果您有兴趣出版图书、录制教学视频，或者参与图书翻译、技术审校等工作，可以发邮件给我们；有意出版图书的作者也可以到异步社区投稿（直接访问 www.epubit.com/contribute 即可）。

如果您所在的学校、培训机构或企业想批量购买本书或异步社区出版的其他图书，也可以发邮件给我们。

如果您在网上发现有针对异步社区出品图书的各种形式的盗版行为，包括对图书全部或部分内容的非授权传播，请您将怀疑有侵权行为的链接通过邮件发送给我们。您的这一举动是对作者权益的保护，也是我们持续为您提供有价值的内容的动力之源。

## 关于异步社区和异步图书

"异步社区"是人民邮电出版社旗下 IT 专业图书社区，致力于出版精品 IT 图书和相关学习产品，为作译者提供优质出版服务。异步社区创办于 2015 年 8 月，提供大量精品 IT 图书和电子书，以及高品质技术文章和视频课程。更多详情请访问异步社区官网 https://www.epubit.com。

"异步图书"是由异步社区编辑团队策划出版的精品 IT 专业图书的品牌，依托于人民邮电出版社的计算机图书出版积累和专业编辑团队，相关图书在封面上印有异步图书的 LOGO。异步图书的出版领域包括软件开发、大数据、人工智能、测试、前端、网络技术等。

异步社区

微信服务号

# 目录

## 第一部分 快速入门

## 第二部分 应用 Kafka

# 第三部分 Kafka 进阶

# 第一部分

# 快速入门

本书第一部分将介绍 Kafka 及其可能的应用场景。

第 1 章将详细描述为什么需要使用 Kafka，并解开你可能听说过的一些关于 Kafka 和 Hadoop 的谜团。

第 2 章将重点讲述 Kafka 的高级架构，以及构成 Kafka 生态系统的其他各个部分——Kafka Streams、Connect 和 ksqlDB。

在阅读完这一部分的内容后，你就可以准备开始向 Kafka 写入消息或从 Kafka 读取消息了。同时，也希望你掌握了一些关键术语。

# 第 1 章　Kafka 简介

**本章内容：**

- 使用 Kafka 的原因；
- 关于大数据和消息系统的常见疑问；
- 消息传递、流式处理和物联网数据处理的真实应用场景。

开发人员正置身于一个充满数据的世界，数据从四面八方涌来，以至于他们不得不面对这样一个事实：遗留系统可能已经不是前进路上的最佳选择。作为新的数据基础设施之一，Apache Kafka[①]已经占领了 IT 领地。Kafka 正在改变数据平台的标准。它引领了从抽取、转换、加载（Extract Transform Load，ETL）和批处理工作流（通常在预定义的时间内批量处理任务）到近实时数据处理的转变（参见 R. Moffatt 的文章 "The Changing Face of ETL"）。批处理曾经是企业数据处理的标准，但在看到 Kafka 提供的强大功能之后，企业可能不会再回头看它一眼了。事实上，除非出现了新的方法，否则你可能无法处理正在向各种规模的企业滚去的数据雪球。

因为数据太多，所以系统很容易过载。遗留系统处理数据的时间窗口可能要从某天晚上一直持续到第二天。为了跟上持续不断的数据流或不断变化的数据，及时处理它们是保持最新系统状态的一种方法。

Kafka 顺应了当今 IT 领域的许多最新和最实用的趋势，让日常工作变得更加容易。例如，

---

① Apache、Apache Kafka 和 Kafka 是 Apache 软件基金会的注册商标。

Kafka 已经进入了微服务设计和物联网（Internet of Things，IoT）领域。作为众多公司的一项事实上的技术标准，Kafka 不仅仅是为少数"极客"而准备的。在本书中，我们将从讲解 Kafka 的特性开始。除 Kafka 之外，我们还将更多地讲解现代流式处理平台的面貌。

## 1.1    什么是 Kafka

Kafka 网站将 Kafka 定义成一种分布式流式处理平台。它有 3 个主要功能：

■    读写记录，就像读写一个消息队列那样；

■    存储记录，有一定的容错能力；

■    实时处理数据流（参见 Apache Software Foundation 网站上发布的"Introduction"）。

在日常工作中不怎么接触消息队列或 Broker 的读者在讨论此类系统的一般用途和工作流时可能需要一些帮助。为简单起见，我们可以把 Kafka 的核心部件类比成家庭娱乐系统的接收器。图 1.1 描绘了接收器和最终用户之间的数据流。

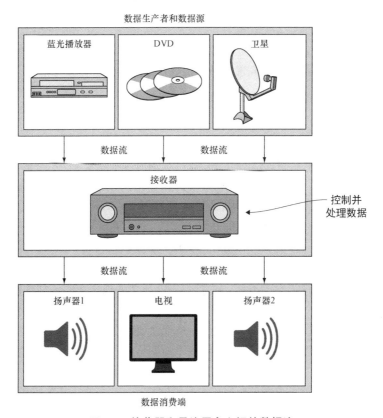

图 1.1    接收器和最终用户之间的数据流

如图 1.1 所示，卫星、DVD 和蓝光播放器连接到一个中央接收器。你可以想象这些设备会以某种已知的格式定时发送数据。在播放电影或 CD 时，几乎会持续地产生数据流。接收器将处理这些持续的数据流，并将其转换为可供另一端外部设备使用的格式（接收器将视频发送到电视上，将音频发送给解码器和扬声器）。那么这和 Kafka 有什么关系呢？在图 1.2 中，我们从 Kafka 的角度看待类似的关系。

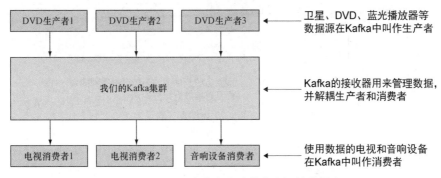

图 1.2　Kafka 生产者和消费者之间的数据流

Kafka 包含用于与其他系统发生交互的客户端。其中的一个客户端叫作生产者，它向 Kafka Broker 发送数据流。Broker 充当了图 1.1 中接收器的角色。Kafka 的另一个客户端叫作消费者，它从 Broker 读取和处理数据。数据的目的地不一定只有一个。生产者和消费者之间是完全解耦的，它们是独立运行的。我们将在后面的章节深入讲解这是如何做到的。

与其他消息平台一样，Kafka 就像是（对于生产者）进入系统和（对于消费者或最终用户）离开系统的数据的中间人。消息的生产者和最终用户之间是分离的，因此可以实现松散的耦合。生产者可以发送任意的消息，但不知道是否有人订阅。此外，Kafka 提供了适用于各种业务场景的消息传递方式。Kafka 的消息至少可以采用以下 3 种传递方式（参见 Apache Software Foundation 网站）。

- 至少一次语义——在需要时发送消息，直到得到确认。
- 至多一次语义——只发送一次消息，如果失败，不重新发送。
- 精确一次语义——消息的消费者只能读取一次消息。

我们深入研究一下这些消息传递语义的含义。我们先看一下至少一次语义（见图 1.3）。在这种情况下，Kafka 允许消息的生产者多次发送相同的消息，并将其写入 Broker。如果生产者没有收到消息写入 Broker 的确认，可以重新发送消息（参见 Apache Software Foundation 网站）。对于那些不允许丢失消息的场景，如付款的场景，这是最安全的传递方式之一，尽管可能需要在消费者端做一些过滤。

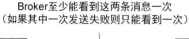

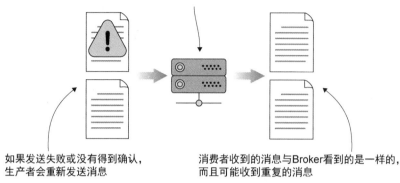

图 1.3　至少一次语义传递方式下的消息流

至多一次语义（见图 1.4）是指消息的生产者只发送一次消息，并且永远不进行重试。如果发送失败，生产者会继续发送其他消息，不再重新发送已经发送失败的消息（参见 Apache Software Foundation 网站）。为什么有人可以接受消息丢失呢？试想一下，如果一个很受欢迎的网站正在跟踪访问者的页面浏览情况，那么在每天发生的数百万个页面浏览事件中遗漏掉一些是可接受的。保持系统正常运行，不需要等待确认，可能比丢失数据更重要。

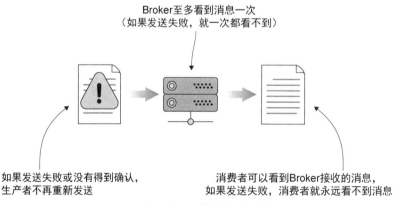

图 1.4　至多一次语义传递方式下的消息流

Kafka 在 0.11.0 版本中加入了精确一次语义（Exactly Once Semantics，EOS）。EOS 在发布后引发了许多褒贬不一的讨论。EOS（见图 1.5）对于许多场景来说是很理想的语义。它似乎是对消息除重的一种逻辑上的保证，并让消息除重成为过去。但大多数开发人员认为在生产端发送消息并能够在消费端接收到同样的消息就已经足够了。

另一个关于 EOS 的讨论是，它是否有可能实现。虽然这将涉及更深入的计算机科学理论知识，但我们还有必要了解一下 Kafka 是如何定义 EOS 特性的（参见 N. Narkhede 的文章

"Exactly-once Semantics Are Possible: Here's How Apache Kafka Does It")。即使生产者不止一次发送同一条消息，也只会把该消息发送给消费者一次。EOS 在所有的 Kafka 层都有触点——生产者、主题、Broker 和消费者——我们将在本书后面简要讨论。

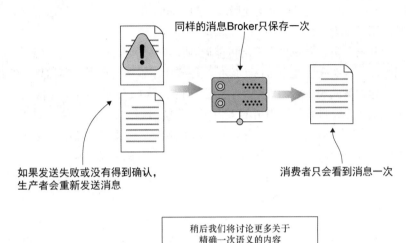

同样的消息Broker只保存一次

如果发送失败或没有得到确认，
生产者会重新发送消息

消费者只会看到消息一次

稍后我们将讨论更多关于
精确一次语义的内容

图 1.5　EOS 传递方式下的消息流

　　除传递各种语义之外，Broker 的另一个作用是，即使消费端的应用程序因为发生故障或处于维护期而关闭，生产者也不需要等待消费者处理消息。当消费者重新上线并继续处理数据时，它们能够从之前离开的位置继续，而不会丢失任何信息。

## 1.2　Kafka 的使用情况

　　随着越来越多的传统公司开始面临数字化方面的挑战，一个很重要的问题摆在他们面前：他们将如何为未来做好准备？一个可能的答案是使用 Kafka。Kafka 是一个高性能的消息传递系统，默认提供复制和容错的特性。

　　Kafka 可以满足生产环境中巨大的数据处理需求（参见 N. Narkhede 的文章"Apache Kafka Hits 1.1 Trillion Messages Per Day—Joins the 4 Comma Club"）。这一切都要归功于这个直到 2017 年才发布 1.0 版本的工具！除这些引人注目的事实之外，为什么用户要开始关注 Kafka？接下来，我们一探究竟。

### 1.2.1　开发人员的 Kafka

　　为什么软件开发人员会对 Kafka 感兴趣？Kafka 的采用量呈"爆炸式"增长，但相关开发人员的需求未能得到满足。我们需要改变传统的数据处理思维方式。各种公开分享的经验或走过的弯路可以帮助开发人员了解为什么 Kafka 对于他们的数据架构来说是一个充满吸引力的工具。

对于 Kafka 开发新手来说，借助已知的东西来解决未知的问题是帮助他们进入这一领域的一种方式。例如，Java 开发人员可以利用 Spring 的概念，如依赖注入。Spring for Apache Kafka（spring-Kafka）项目已经发布了几个主要版本。与 Kafka 相关的项目（包括 Kafka 本身）都有一个不断增长的工具生态系统。

作为普通的开发人员，大多数程序员可能遇到过耦合性问题。例如，你想要修改一个应用程序，但可能有许多其他应用程序与这个应用程序产生了耦合。或者，当你想要编写单元测试时，发现需要创建大量的 Mock。在这些情况下，如果 Kafka 使用得当，就能助你一臂之力。

以一个员工用来提交带薪休假申请的人力资源系统为例。如果你熟悉 CRUD（Create，Read，Update，Delete，创建、读取、更新和删除）风格的系统，你就应该知道，提交的休假申请很可能需要经过薪资系统和用于预测工作进度的项目管理系统的处理。那么，你会将这两个应用程序连接在一起吗？如果薪资系统崩溃了该怎么办？这会影响项目管理系统的可用性吗？

有了 Kafka，我们可以将原先不得不捆绑在一起的应用程序解耦（第 11 章将更深入地探讨如何让数据模型变得更加成熟）。我们可以将 Kafka 放在工作流的中间位置（参见 K. Waehner 的文章"How to Build and Deploy Scalable Machine Learning in Production with Apache Kafka"），数据接口就变成了 Kafka，而不是无数个 API（Application Program Interface，应用程序接口）和数据库。

有人说有其他更好、更简单的解决方案。例如，用 ETL 将数据加载到每个应用程序的数据库里，这样每个应用程序就只需要一个接口，很简单，对吧？但是，如果原始数据源出现损坏或数据过时了该怎么办？你可以多久更新一次？可以容忍何种程度的延迟或不一致？这些数据副本是否会过时或与数据源偏移太大，以至于再次运行相同的流程很难得到相同的结果？真正的原因是什么？Kafka 可以帮助避免这些问题。

另一个有可能提升 Kafka 使用可信度的因素是 Kafka 也用到了自己的很多特性。例如，在第 5 章深入介绍消费者时，我们将看到 Kafka 如何在内部使用主题来管理消费者偏移量。在 0.11 版本发布之后，Kafka 使用内部主题来实现精确一次语义。Kafka 允许多个消费者读取同一条消息，产生多种可能的结果。

开发人员想问的另一个问题可能是，为什么不跳过 Kafka 的核心内容，直接学习 Kafka Streams、ksqlDB、Spark Streaming 或其他平台。有无数个应用程序正在使用 Kafka，抽象层固然好（有时候确实需要这么多活动组件），但我们相信 Kafka 本身也是值得学习的。

只知道 Kafka 是 Flume 的一个可选组件与深入了解 Kafka 所有配置选项的含义，是有区别的。尽管 Kafka Streams 可以简化你将在本书中看到的示例，但在 Kafka Streams 出现之前，Kafka 就已经非常成功了。了解 Kafka 的基础是必不可少的一步，希望它能够帮助你了解为什么一些应用程序会使用它，以及它的内部原理。如果你想成为流式处理领域的专家，就很有必要了解应用程序底层的分布式组件以及所有可用来调优应用程序的方法。从纯技术的角度来看，许多令人兴奋的计算机科学技术应用在 Kafka 中。人们讨论最多的可能是分布式提交日志（第 2 章将深入介绍它）和层级时间轮（参见 Y. Matsuda 的文章"Apache Kafka, Purgatory, and Hierarchical Timing Wheels"）。这些例子都展示了 Kafka 如何通过应用有趣的数据结构解决实际的可伸缩性问题。

因为 Kafka 是开源的，所以我们可以深入挖掘源代码，通过在互联网上搜索获得文档和示例。我们可获得的资源并不局限于在特定工作场所内传播的知识。

## 1.2.2 向管理人员介绍 Kafka

通常，当高层的管理人员听到 Kafka 这个单词时，他们可能更多地对这个名字感到疑惑，而并不关心它可以用来做什么。所以，你最好解释一下这个产品的价值。此外，最好从更高和更大的角度考虑这个工具真正的附加价值是什么。

Kafka 的一个重要特性是它可以获取海量数据，并使数据可供各个业务领域使用。这种为所有业务领域提供信息可用性的能力提高了企业的灵活性和开放性。没有什么是预先设定好的，但提升对数据的可访问性是一个潜在的结果。大多数高层的管理人员还知道，随着越来越多的数据涌入，企业希望能够尽快获得结论。与其让数据在磁盘上持续存放并丧失价值，不如在数据到达时就获取它们的价值。批处理作业限制了转化数据价值的速度，而使用 Kafka 是一种可以摆脱批处理作业的方法。快数据（fast data）似乎成了一个新名词，它暗示真正的数据价值与大数据本身的承诺有所不同。

对于许多企业开发团队来说，在 Java 虚拟机（Java Vitual Machine，JVM）上运行应用程序是他们非常熟悉的场景。对于一些需要在本地监控数据的企业来说，在本地运行应用程序是一个关键驱动因素。当然，云计算和托管平台也是不错的选择。Kafka 可以水平扩展，而不仅限于垂直扩展（垂直扩展最终会触及天花板）。

也许学习 Kafka 最重要的原因之一是看看初创公司和其他行业的公司如何降低曾经令人望而却步的算力成本。分布式应用程序和架构不再依赖可能价值数百万美元的大型服务器或大型机，而以更少的财务支出向竞争对手快速逼近。

## 1.3 关于 Kafka 的谜团

在开始学习新技术时，人们通常会尝试将现有的知识与新的概念关联起来。虽然我们也可以用这个技巧来学习 Kafka，但我们更想要指出的是到目前为止我们在工作中遇到的一些常见的误解。我们将在下面的几节中介绍它们。

### 1.3.1 Kafka 只能与 Hadoop 一起使用

如前所述，Kafka 是一个强大的工具，经常用在各种场景中。然而，它似乎是因为用在 Hadoop 生态系统中才广受关注的，而且可能因为作为 Cloudera 或 Hortonworks 平台工具的一部分才被用户熟知。Kafka 只能与 Hadoop 一起使用是一个常见的疑问。那么是什么导致了这个谜团？其中一个原因是很多工具将 Kafka 作为其产品的一部分。Spark Streaming 和 Flume 就是这方面的例子，它们正在使用（或曾经使用过）Kafka。ZooKeeper 是 Hadoop 集群的一个常见组件，也是 Kafka 的依赖项（取决于 Kafka 的版本），所以这可能进一步加剧了这个谜团。

另一个常见的谜团是 Kafka 依赖 Hadoop 分布式文件系统（Hadoop Distributed File System，HDFS），但事实并非如此。等我们深入了解 Kafka 的工作原理后，我们就会发现，如果中间有 NodeManager，Kafka 处理事件的速度会慢得多。同样，Kafka 块复制（通常也是 HDFS 的一部分）的实现方式也与 HDFS 不一样。例如，Kafka 副本默认情况下是不进行恢复的。这两个产品以不同的方式实现复制，因为 Kafka 的持久化特性，很容易就被与 Hadoop 归为一类（Hadoop 默认情况下预期会发生故障，因此需要规划故障恢复），而且 Hadoop 和 Kafka 之间的整体目标有相似的地方。

## 1.3.2 Kafka 与其他消息系统是一样的

另一个谜团是，Kafka 只是另一种消息系统。直接将各种工具（例如，Pivotal 的 RabbitMQ 或 IBM 的 MQSeries）的特性与 Kafka 的特性进行对比常常要带上星号（或小字说明），这种对比并不公平，因为每种工具都有各自最佳的应用场景。随着时间的推移，一些工具已经或将会加入新的特性，例如，Kafka 增加了精确一次语义。我们可以通过修改默认配置让它们的功能与同类工具接近。一般来说，下面是我们将要深入探讨的两个相对突出且值得关注的特性：

- 重放消息的能力；
- 并行处理数据的能力。

Kafka 可以支持多个消费者。也就是说，从 Broker 读取消息的应用程序不影响其他同样读取这些消息的应用程序。这种设计的一个结果是，已经读取了一条消息的消费者可以选择再次读取这条消息（和其他消息）。在一些架构（如第 8 章将介绍的 Lambda 架构）模型中，程序员的人为错误与硬件故障一样，都是不可避免的。假设你正在读取数百万条消息，但忘记处理原始消息中的某个字段。在一些队列系统中，消息可能已经删除，或者发送给副本，抑或重放队列。而 Kafka 为消费者提供了在主题上查找特定位置并从这里重新读取消息的功能（存在一定程度的限制）。

我们已经简单地提到过，Kafka 支持数据并行处理，并且同一个主题可以有多个消费者。Kafka 有消费者组的概念（参见第 5 章）。消费者组的成员关系决定了哪些消费者可以读取哪些消息，以及成员消费者已经读取了哪些消息。每个消费者组与其他消费者组是相互独立的，多个应用程序可以按照自己的节奏使用多个消费者读取消息。读取消息有多种方式：可以由一个应用程序中的多个消费者读取，也可以由多个应用程序读取。不管其他消息系统提供了什么功能，我们都要看一下那些让 Kafka 成为开发人员必备之选的应用场景。

# 1.4 现实世界中的 Kafka

帮助读者将 Kafka 应用到实际当中是本书的核心目标。关于 Kafka，我们很难说它在某一方面做得特别好，但它在许多特定的应用场景下表现得很出色。虽然我们需要先掌握一些基本的概念，但是如果能从高层次介绍 Kafka 在现实世界中的一些应用场景可能会很有帮助。Kafka 的官方网站列出了 Kafka 在现实世界中的一些应用场景。

## 1.4.1 早期的例子

一些用户在第一次使用 Kafka 时把它作为一个消息系统。在使用其他消息系统（如 IBM WebSphere MQ，也就是原来的 MQSeries）多年之后，使用 Kafka（当时的版本是 0.8.3）似乎就是简单地将消息从 $A$ 点移动到 $B$ 点。Kafka 放弃使用流行的协议和标准，如可扩展通信和呈现协议（Extensible Messaging and Presence Protocol，XMPP）、Java 消息服务（Java Message Service，JMS）API（现在是 Jakarta EE 的一部分）或 OASIS 高级消息队列协议（Advanced Message Queuing Protocol，AMQP），而开发了自己的二进制 TCP。稍后我们将深入讲解一些复杂的应用场景。

对于使用 Kafka 客户端开发应用程序的用户来说，大部分东西与配置有关，逻辑也相对简单（例如，"我想向这个主题发送一条消息"）。使用 Kafka 的另一个原因是把它作为一个发送消息的持久性通道。

通常情况下，在内存中保存数据不足以起到保护数据的作用，如果服务器重启，数据就丢失了。Kafka 从一开始就支持高可用性和持久存储。Flume 有一个 Kafka 通道，Kafka 的复制特性和高可用性让 Flume 事件在代理（或运行它的服务器）发生崩溃时仍然对其他接收器可用（参见 Apache Software Foundation 网站上的文章"Flume 1.9.0 User Guide"）。Kafka 可用于构建健壮的应用程序，并帮助分布式应用程序处理在某些时候必然会发生的预期故障。

日志聚合（见图 1.6）在很多情况下很有用，包括收集在分布式应用程序中发生的事件。从图 1.6 中可以看到，日志文件作为消息发送给 Kafka，然后不同的应用程序从各自的逻辑主题上消费这些消息。凭借处理海量数据的能力，从不同的服务器或事件源收集事件成了 Kafka 的一个关键特性。一些组织根据日志事件的内容将它们用在审计和故障趋势检测中。Kafka 也用在各种日志系统中（或作为输入工具）。

既然需要处理这么多的日志文件，那么 Kafka 是如何在不导致服务器资源耗尽的情况下保持性能的？消息吞吐量有时候会让系统不堪重负，因为处理每条消息都需要时间和开销。Kafka 使用消息批次来发送数据和写入数据。Kafka 通过追加的方式写入日志，这比随机访问文件系统具有更高的性能。

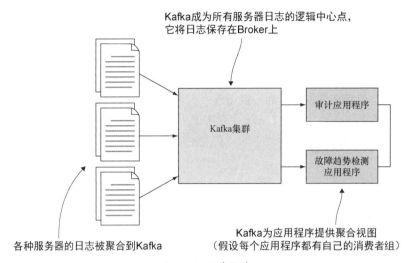

图 1.6　日志聚合

## 1.4.2　后来的例子

在过去，微服务一般使用 REST 之类的 API 作为通信手段，但现在它们也可以使用 Kafka 在异步服务之间通过事件来通信（参见 B. Stopford 的文章"Building a Microservices Ecosystem with Kafka Streams and KSQL"）。微服务可以使用 Kafka 而不是特定的 API 作为它们的交互接口。Kafka 已经将自己定位成帮助开发者快速获取数据的基础组件。尽管 Kafka Streams 现在可能是许多开发人员在开始一个新项目时的默认选择，但是早在 2016 年 Streams API 发布之前，Kafka 就已经将自己确立为一个成功的解决方案。Streams API 可以被视为一个构建在生产者和消费者之上的抽象层。这个抽象层就是一个客户端库，提供了处理无限定事件流的高级视图。

Kafka 0.11 引入了精确一次语义。等稍后读者对 Kafka 有了更深入的了解，我们将讨论精确一次语义在现实当中的意义。不管怎样，使用 Streams API 实现端到端工作负载的用户都可以获得 Kafka 提供的消息传递保证。Streams 让用户可以在不实现任何自定义应用程序逻辑的情况下更容易确保消息从事务开始到结束只处理一次。

物联网设备（见图 1.7）的数量只会随着时间的推移而增加。这些设备时刻在发送消息，特别是当它们连接到 Wi-Fi 或蜂窝网络时，发送的消息会突然激增，所以我们需要一些东西来高效地处理这些数据。处理海量数据正是 Kafka 的强项之一。正如我们之前所说的，处理这些消息对于 Kafka 来说不是问题。信标、汽车、电话等都会发送数据，我们需要一些东西来处理这些数据，并基于处理结果执行一些操作（参见 Confluent 文档"Real-Time IoT Data Solution with Confluent"）。

这些只是 Kafka 著名应用场景的一小部分，Kafka 还有许多实际的应用场景。后面即将讲解到的有关 Kafka 的基础概念对于实现更多的应用场景来说至关重要。

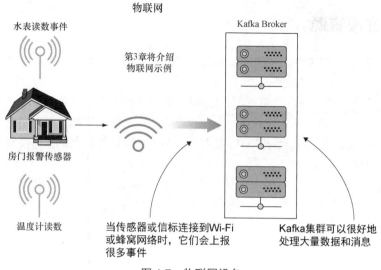

图 1.7　物联网设备

## 1.4.3　什么时候不适合使用 Kafka

尽管 Kafka 已经用在一些有趣的场景中，但是它并不一定总是完成工作的最佳工具。下面是一些更适合使用其他工具或代码的场景。

有时候，你可能只需要月度或年度汇总数据。我们假设你不需要按需查询，也不需要快速获得答案，甚至不需要重新处理数据。在这些情况下，你可能不需要为了完成这些任务而全年运行 Kafka（如果数据量是可管理的，可以考虑批处理）。通常，不同用户对批次大小的阈值定义是不同的。

如果你的主要数据访问模式是随机查找，那么 Kafka 可能不是最好的选择。Kafka 擅长线性读写，因为这样可以尽可能快地移动数据。你可能听说过 Kafka 有索引文件，但它们与关系数据库的字段和主键索引不同。

类似地，如果你要求 Kafka 某个主题的消息保持准确的顺序，就要看一下你的工作负载是怎样的。为了避免消息乱序，需要确保最多只有一个生产者，同时，主题只能有一个分区。解决方案有很多，但如果你有大量需要保持严格顺序的数据，可能会出现一些潜在的问题，因为这个时候一个消费者组里只有一个消费者可以读取数据。

另一个实际的问题是如何处理体量很大的消息。Kafka 的默认消息大小为 1MB（参见 Apache Software Foundation 网站）。较大的消息会给内存带来压力。换句话说，你需要注意页面缓存可以保存多少条消息。如果你打算发送大量的存档，最好看一下是否有更好的方法来管理这些消息。请记住，对于这些情况，尽管你可能可以用 Kafka 实现你的最终目标（确实有可能），但是它可能不是首选方案。

## 1.5　其他在线资源

Kafka 社区提供了非常好的文档。Kafka 已经是 Apache 的一部分（2012 年从孵化器毕业），它的文档就放在 Apache Kafka 网站上。

Confluent 是另一个很好的信息资源。Confluent 由 Kafka 原始作者创立，它积极地影响着 Kafka 未来的发展。Kafka 原始作者还为企业提供特定的功能和支持，帮助企业开发自己的流式处理平台。他们的工作也有助于 Kafka 的开源，他们甚至还组织讨论如何面对生产环境中的挑战和如何取得成功的讲座。

在开始深入了解更多的 API 和配置选项之前，如果你需要知道更多的细节，可以参考这些资源。在第 2 章中，我们将发现更多的细节，我们将使用特定的术语，并开始以一种更实际的方式了解 Kafka。

## 总结

- Kafka 是一个流式平台，可以用它来快速处理大量的事件。
- Kafka 可以作为消息总线使用，但此时需要忽略它提供的实时处理数据的能力。
- 在过去，人们把 Kafka 与其他大数据解决方案联系在一起，但 Kafka 本身也提供了一个具有可伸缩性和持久性的系统。Kafka 也使用了容错和分布式技术，并通过自己的集群能力满足了现代数据基础设施的核心需求。
- Kafka 可以快速处理海量事件流，如物联网数据。随着应用程序数据不断增长，Kafka 为曾经只能离线批处理的数据提供快速的处理结果。

# 第2章　了解Kafka

既然我们已经对 Kafka 的亮点和为什么要使用它有了一个大概的了解，接下来我们就深入研究组成整个系统的 Kafka 组件。Kafka 本质上是一个分布式系统，但它也可以安装和运行在单台主机上，这为我们深入研究各种示例提供了一个很好的起点。通常来说，真正的问题会从你敲击键盘那一刻开始浮现。在本章结束时，你将学会如何通过命令行发送和读取你的第一条 Kafka 消息。我们现在就开始了解 Kafka，并花更多的时间探究 Kafka 的架构细节。

注意：如果你没有可用的 Kafka 集群或想在你的机器上安装一个 Kafka 集群，请参考附录 A。附录 A 告诉我们如何修改 Kafka 的一些默认配置和如何启动我们将在示例中使用的 3 个 Broker。在尝试运行本书提供的示例之前，请确保你的集群已启动并正常运行！如果示例无法正常运行，请查看 GitHub 上的源代码提示、勘误和建议。

## 2.1　发送和读取一条消息

消息（也叫作记录）是流经 Kafka 的基本数据块。消息是 Kafka 表示数据的方式。每条消息都有时间戳、值和可选的键，如果有必要还可以使用自定义标头（参见 Apache Software Foundation 网站上的文章"Main Concepts and Terminology"）。一条简单的消息可能是这样的：ID 为"1234567"（消息的键）的机器在"2020-10-02T10:34:11.654Z"（消息的时间戳）时发生故障，故障消息为"Alert: Machine Failed"（消息的值）。第 9 章介绍了一个使用自定义标头设置键值对的例子。

图 2.1 展示了用户在处理消息时最重要和最常见的部分。键和值将是本章讨论的重点，在定义消息时需要对它们做好分析。键和值可以按照自己特定的方式进行序列化或反序列化。在第 4 章讨论如何生成消息时，我们将详细介绍如何序列化数据。

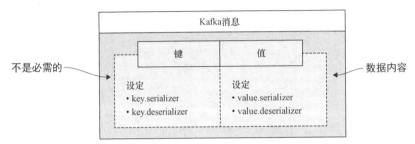

图 2.1    Kafka 消息由一个键和一个值组成（这里没有显示时间戳和可选的标头）

现在，我们有了一条记录，那么怎么让 Kafka 知道它呢？我们需要将消息发送给 Broker，Kafka 就会收到这条消息。

## 2.2    什么是 Broker

Broker 可以被视为 Kafka 的服务器端（参见 Apache Software Foundation 网站上的"Main Concepts and Terminology"）。在虚拟机和 Kubernetes 出现之前，你可能看到过一台物理服务器托管着一个 Broker。因为几乎所有的 Kafka 集群都有一个以上的服务器（或节点），所以我们的大多数例子将运行 3 个 Kafka 服务器。这个本地测试环境可以让我们看到针对多个 Broker 的命令输出，就好像在不同的机器上运行多个 Broker 一样。

在第一个例子中，我们将创建一个主题，并通过命令行发送第一条消息给 Kafka。Kafka 从一开始就考虑到了命令行模式。我们不使用 GUI，所以需要选择一种操作系统命令行交互方式。命令将被输入基于文本的提示符中。无论你使用的是 vi、Emacs、Nano 还是其他工具，都要确保它们用起来顺手。

注意：虽然 Kafka 可以运行在多种操作系统上，但是它通常会部署在 Linux 环境中，所以在使用 Kafka 时，熟悉命令行将会助你一臂之力。

**命令行助手**
    如果你是命令行用户，想要一个可以自动补全命令（和显示可用参数）的快捷方式，可以看一下 Kafka 的自动补全项目。如果你是 Zsh 用户，可以考虑安装 Kafka 的 Zsh-completion 插件。

要发送消息，我们需要发送消息的目的地。我们在一个 Shell 窗口中运行 kafka-topics.sh 命令并带上--create 选项来创建主题（见代码清单 2.1）。你可以在 Kafka 的安装目录下找到这个脚本，它的路径可能是~/kafka_2.13-2.7.1/bin。Windows 用户可以使用与 Shell 脚本同名的.bat 文件。例如，kafka-topics.sh 有一个 Windows 版本的脚本，叫作 kafka-topics.bat，它应该位于/bin/Windows 目录下。

> 注意：本书使用 kinaction 和 ka（比如 kaProperties 中的 ka）来表示"Kafka in Action"的不同缩写，不代表任何产品或公司。

代码清单 2.1　创建 kinaction_helloworld 主题

```
bin/kafka-topics.sh --create --bootstrap-server localhost:9094
  --topic kinaction_helloworld --partitions 3 --replication-factor 3
```

你应该能够在运行命令的控制台上看到输出：Created topic kinaction_helloworld。在代码清单 2.1 中，主题的名字叫作 kinaction_helloworld。当然，我们可以使用任意的主题名字，但一般会遵循通用的 UNIX/Linux 命名约定，包括不使用空格。不包含空格或各种特殊字符可以避免出现许多令人沮丧的错误和警告。空格和特殊字符可能会给命令行与自动补全功能造成麻烦。

创建主题的命令还有一些其他选项，我们还不清楚它们的含义，但为了能够继续我们的探索，我们先快速地介绍一下它们。

--partitions 选项决定了主题将分成多少个部分。例如，我们有 3 个 Broker，所以需要 3 个分区，每个 Broker 都可以有 1 个分区。但对于我们的测试工作负载来说，它的数据量可能不需要这么多分区。不管怎样，我们至少都可以知道 Kafka 是通过分区分布数据的。在这个示例中，--replication-factor 也设置为 3，表示每个分区有 3 个副本。这些副本是提升可靠性和容错能力的关键。--bootstrap-server 指向本地的 Broker，所以在调用脚本之前需要先让 Broker 运行起来。目前，我们最重要的目标是获得对 Kafka 的总体印象。在稍后讨论 Broker 的细节时，我们将深入研究如何选择最佳的分区数量。

我们还可以查看已创建的主题，并确保新创建的主题出现在列表中。我们可以用--list 选项来获得输出。同样，我们在终端窗口中运行代码清单 2.2。

代码清单 2.2　验证已创建的主题

```
bin/kafka-topics.sh --list --bootstrap-server localhost:9094
```

为了弄清楚新创建的主题是什么样子的，代码清单 2.3 给出了另一条命令，我们可以用它来进一步了解集群。这里的主题与其他消息传递系统中的主题不同，前者有副本和分区。Leader（首领）、Replicas（副本）和 Isr 字段旁边的数字是 broker.id，也就是我们在配置文件中设置的 3 个 Broker 的 ID。我们可以看到主题由分区 0、分区 1 和分区 2 组成。按照创建主题的要求，每个分区有 3 个副本。

代码清单 2.3    描述 kinaction_helloworld 主题

```
bin/kafka-topics.sh --bootstrap-server localhost:9094 \
  --describe --topic kinaction_helloworld
```

> 可以用--describe 查看我
> 们指定的主题的信息

```
Topic:kinaction_helloworld PartitionCount:3 ReplicationFactor:3 Configs:
Topic: kinaction_helloworld Partition: 0 Leader: 0 Replicas: 0,1,2 Isr: 0,1,2
Topic: kinaction_helloworld Partition: 1 Leader: 1 Replicas: 1,2,0 Isr: 1,2,0
Topic: kinaction_helloworld Partition: 2 Leader: 2 Replicas: 2,0,1 Isr: 2,0,1
```

在代码清单 2.3 中，输出结果的第一行显示了主题的分区和副本数量。下面几行分别显示了主题的每一个分区的信息。第二行显示了分区 0 的信息，以此类推。我们着重看一下分区 0，它的副本首领在 Broker 0 上。这个分区的其他副本分别位于 Broker 1 和 Broker 2 上。最后一列中的 Isr 表示同步副本（In-Sync Replica，ISR）。ISR 显示了哪个是当前的 Broker 并且没有落后于首领。我们稍后将讨论分区副本过时或落后于首领的问题。不管怎样，我们都要关注分布式系统中的副本健康状况。图 2.2 描绘了 Broker 0 的视图。

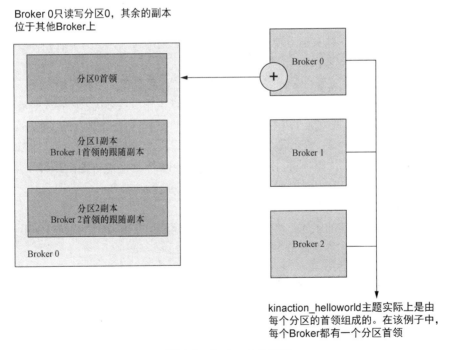

图 2.2    Broker 0 的视图

对于 kinaction_helloworld 主题，Broker 0 持有分区 0 的首领副本以及分区 1 和分区 2 的跟随副本，分区 1 的跟随副本将从 Broker 1 上复制数据。

注意：当我们说到分区首领时，指的是副本首领。分区可以由一个或多个副本组成，但只有一个
　　　　副本可以成为首领。首领可以接收来自外部客户端的数据，但非首领副本只从它们的首领
　　　　那里复制数据。

　　一旦我们创建并验证了主题，我们就可以开始发送消息了！用过 Kafka 的人可能会问："为
什么在发送消息之前要先创建主题，不是有一个配置参数可以用来启用或禁用自动创建主题
吗？"通常情况下，我们最好将主题创建作为一个特定的操作，因为我们不希望在有人偶尔错
误输入了主题名字或生产者重试的情况下随机地创建新主题。

　　要发送消息，我们需要打开一个终端或命令行窗口来运行控制台生产者，并用它接收用户
的输入（参见 Apache Software Foundation 网站上发布的文章"Apache Kafka Quickstart"）。代
码清单 2.4 中的命令将启动一个交互式程序，在按 Ctrl+C 快捷键退出程序之前，界面不会回到
命令提示符。你可以输入简单的字符，比如程序员的第一个带有 kinaction（Kafka In Action 的
缩写）前缀的输出语句，如代码清单 2.4 所示。我们输入了 kinaction_helloworld，它源自 Brian
W. Kernighan 和 Dennis M. Ritchie 撰写的《C 程序设计语言》中的"hello, world"示例。

代码清单 2.4　启动 Kafka 控制台生产者的命令

```
bin/kafka-console-producer.sh --bootstrap-server localhost:9094 \
  --topic kinaction_helloworld
```

　　在代码清单 2.4 中，用--bootstrap-server 参数指定主题所在的 Broker 的地址。这个参数可
以是集群当中的一个 Broker（或一个列表）。有了这个信息，集群就可以获得访问主题所需的
元数据。

　　现在，我们将启动另一个终端或命令行窗口，并运行控制台消费者。代码清单 2.5 中的命
令也将启动一个程序。我们将看到之前在控制台生产者中输入的消息。你要确保为两条命令指
定了相同的主题，否则什么也看不到。

代码清单 2.5　启动 Kafka 控制台消费者的命令

```
bin/kafka-console-consumer.sh --bootstrap-server localhost:9094 \
  --topic kinaction_helloworld --from-beginning
```

代码清单 2.6 展示了你可能在控制台窗口中看到的输出。

代码清单 2.6　消费者输出的 kinaction_helloworld 消息内容

```
bin/kafka-console-consumer.sh --bootstrap-server localhost:9094 \
  --topic kinaction_helloworld --from-beginning

kinaction_helloworld
...
```

随着我们发送了更多的消息并确认消息被传递给了消费者,我们就可以终止进程,并在重启它时移除 --from-beginning 选项。需要注意的是,我们不会再看到之前发送的消息,只有那些在控制台消费者启动之后生成的消息会显示出来。第 5 章在讨论消费者时,将介绍关于如何读取下一条消息以及从特定偏移量位置读取消息的内容。现在,我们已经看到了一个简单的示例,并了解了更多的背景知识。

## 2.3　Kafka 之旅

表 2.1 列出了 Kafka 架构的主要组件及其作用。接下来的几节将深入介绍相关组件,为接下来的章节打下坚实的基础。

表 2.1　Kafka 架构的主要组件及其作用

| 组　　件 | 作　　用 |
| --- | --- |
| 生产者 | 向 Kafka 发送消息 |
| 消费者 | 从 Kafka 读取消息 |
| 主题 | Broker 中保存消息的逻辑实体 |
| ZooKeeper 集群 | 维护集群的共识 |
| Broker | 处理提交日志(将消息保存在磁盘上) |

### 2.3.1　生产者和消费者

让我们在旅程的第一站——生产者和消费者——暂停片刻。图 2.3 描绘了生产者和消费者。

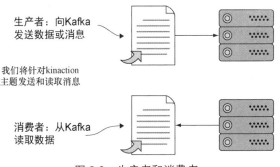

图 2.3　生产者和消费者

生产者用于向 Kafka 主题发送消息(参见 Apache Software Foundation 网站上的文章 "Main Concepts and Terminology")。第 1 章就列举过一个将应用程序的日志文件发送给 Kafka 的例子。这些文件在发送到 Kafka 之前并不是 Kafka 系统的一部分。当你心里想着数据流向 Kafka 时,你看到的是一个参与发送数据的 Kafka 生产者。

Kafka 本身并没有提供默认的生产者，但与 Kafka 交互的 API 在实现代码中使用了生产者。一些数据管道可能使用了独立的工具，如 Flume 或 Kafka 的其他 API（如 Kafka Connect 和 Kafka Streams）。Connect 的 WorkerSourceTask（从 1.0 版本开始）就在实现代码中使用了生产者，并提供了自己的高级 API。这些代码采用了 Apache 2 发行许可，可在 GitHub 上查看。我们也可以在 Kafka 内部使用生产者来发送消息。例如，如果我们从一个特定的主题读取数据，并希望将其发送到另一个主题，也可以使用生产者。

为了感受一下我们自己创建的生产者，可以参考一下与 WorkerSourceTask（之前提到的 Java 类）相似的代码。代码清单 2.7 列出了示例代码。main()方法的代码并没有都列出来，只列出与使用标准 KafkaProducer 类发送消息相关的逻辑。现在不一定要理解示例的每一个部分，只需要了解一下生产者的用法就可以了。

---

**代码清单 2.7　使用生产者发送消息**

```
Alert alert = new Alert(1, "Stage 1", "CRITICAL", "Stage 1 stopped");
ProducerRecord<Alert, String> producerRecord =
  new ProducerRecord<Alert, String>
 ("kinaction_alert", alert, alert.getAlertMessage());          ← ProducerRecord 包含要
                                                                  发送给 Kafka 的消息

producer.send(producerRecord,          ← 调用方法将消息
  new AlertCallback());                   发送给 Broker

producer.close();                      ← 在异步发送消息时
                                          可以使用回调
```

---

从代码清单 2.7 可以看到，为了向 Kafka 发送数据，创建了一个 ProducerRecord 对象。用这个对象定义消息，并指定要发送的主题（在这个示例里是 kinaction_alert）。使用自定义 Alert 对象作为消息的键。接下来，调用 send()方法发送 ProducerRecord 对象。虽然我们可以等待消息发送完毕，但是我们也可以使用回调来异步发送消息并处理任何可能出现的错误。第 4 章将对整个例子进行详细的说明。

图 2.4 展示了一个用户交互过程，它将触发生产者向 Kafka 发送数据。一个用户在页面上的单击动作可能会产生一个审计事件，这个事件将被发送给 Kafka 集群。

与生产者相反，消费者是一个用于从 Kafka 读取消息的工具。与生产者一样，消费者也直接或间接参与从 Kafka 读取数据的。WorkerSinkTask 是 1.0 版本 Kafka Connect 中的另一个类，它使用了消费者，与 Connect 中的生产者刚好相反。消费者订阅它们感兴趣的主题，并持续地轮询数据。WorkerSinkTask 提供了一个使用消费者从 Kafka 主题读取记录的真实例子。代码清单 2.8 列出了消费者示例的部分代码，第 5 章将详细介绍这个示例。其中的概念与 WorkerSinkTask.java 类似。

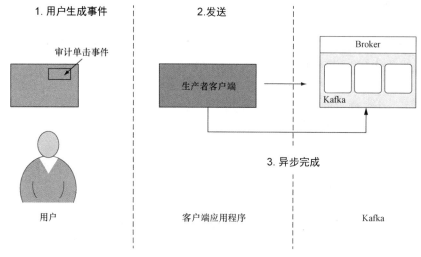

图 2.4   生产者发送用户事件的示例

**代码清单 2.8   消费消息**

```
...
consumer.subscribe(List.of("kinaction_audit"));          消费者订阅它感兴趣
while (keepConsuming) {                                    的主题
  var records = consumer.
    poll(Duration.ofMillis(250));          消息是在轮询中
                                           返回的
  for (ConsumerRecord<String, String> record : records) {
    log.info("kinaction_info offset = {}, kinaction_value = {}",
            record.offset(), record.value());

    OffsetAndMetadata offsetMeta =
      new OffsetAndMetadata(++record.offset(), "");

    Map<TopicPartition, OffsetAndMetadata> kaOffsetMap = new HashMap<>();
    kaOffsetMap.put(new TopicPartition("kinaction_audit",
      record.partition()), offsetMeta);

    consumer.commitSync(kaOffsetMap);
  }
}
...
```

代码清单 2.8 展示了消费者如何调用 subscribe()方法并传入它感兴趣的主题列表（在这个示例里是 kinaction_audit）。然后，消费者轮询主题（见图 2.5），并处理返回的 ConsumerRecords。

代码清单 2.7 和代码清单 2.8 分别对应图 2.4 与图 2.5 的示例部分。假设一家公司想知道有多少用户在他们的网页上触发了工厂命令动作。用户产生的单击事件将进入 Kafka 生态系统。数据的消费者可能就是工厂自己，工厂将通过它的应用程序来处理这些数据。

用户可以通过这些代码（甚至是 Kafka Connect）将可能影响他们业务需求和目标的数据放入 Kafka 或从 Kafka 取出可能影响他们业务需求和目标的数据。Kafka 并不会为应用程序处理数据：真正从数据中获取业务价值的是消费者应用程序。现在，我们已经知道如何将数据放入 Kafka 和从 Kafka 取出数据。接下来，我们要关注的是数据在集群中的位置。

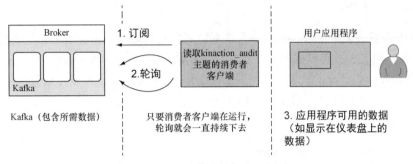

图 2.5　消费者数据流示例

## 2.3.2　主题

关于消息发送到哪里，大多数用户可以从了解主题的逻辑开始。主题由分区组成，换句话说，一个或多个分区可以组成一个主题。Kafka 在磁盘方面实现的大部分功能与分区有关。

注意：一个分区副本只能位于一个 Broker 上，不能在 Broker 之间再分割。

图 2.6 说明了每个分区首领副本只能位于一个 Broker 上，不能分割成更小的单元。回想一下代码清单 2.1 中的 kinaction_helloworld 主题。为了提升可靠性，你可能希望数据有 3 个副本，但这并不意味着主题（或单个文件）复制了 3 次，而是每个分区复制了 3 次。

注意：分区可进一步分解为写入磁盘驱动器的片段文件。我们将在后面的章节中详细讨论这些文件的细节和它们的存储位置。尽管分区是由片段文件组成的，但是我们不会直接与它们发生交互，它们是内部的实现细节。

这里涉及一个重要的概念：其中的一个分区副本将称为首领。例如，假设你有一个由 3 个分区组成的主题，并且每个分区有 3 个副本，那么每个分区就会有一个首领。首领是分区的副本之一，其他两个副本（没有在图 2.6 中画出来）是跟随者，它们将从分区首领那里同步数据。在

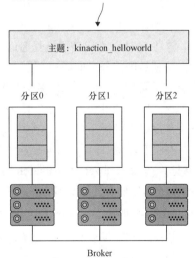

图 2.6　分区组成了主题

没有发生异常或错误的情况下（也就是所谓的"快乐路径"），生产者和消费者只从分配给它们的分区首领那里读写数据。那么，生产者或消费者如何知道哪个分区副本是首领？在分布式计算和随机发生故障的环境中，这个问题通常交由 ZooKeeper 来处理，这也是我们旅程的下一站。

## 2.3.3　ZooKeeper

Kafka 生态系统使用了 ZooKeeper，这可能是导致其复杂性增加的最原始的原因之一。ZooKeeper 是一种分布式存储框架，提供了高可用的发现、配置和服务同步功能。从 0.9 版本开始，Kafka 对 ZooKeeper 的依赖有了一些变化，消费者可以选择不将偏移量保存在 ZooKeeper 中。我们将在后面的章节讨论偏移量的重要性。然而，对 ZooKeeper 依赖的减少并没有消除对共识和协调的需求。

> **移除 ZooKeeper**
>
> 　　为了简化运行 Kafka 所需的依赖，有人提议用 Kafka 自己的协调机制来替换 ZooKeeper。因为这个工作在本书（英文版）出版时还没有完成，Kafka 也才发布了 2.8.0 早期访问版本，所以本书仍然会讨论 ZooKeeper。为什么 ZooKeeper 仍然很重要？
>
> 　　本书涵盖了 Kafka 2.7.1，你可能会在生产环境中看到更老的版本，它们会在一段时间内一直使用 ZooKeeper，直到上述提议完全实现。此外，尽管 ZooKeeper 将被 Kafka Raft Metadata（KRaft）模式取代，但是分布式系统的协调机制仍然有效，理解 ZooKeeper 目前所扮演的角色是理解协调机制的基础。虽然 Kafka 提供了弹性和容错能力，但仍然需要一些东西为其提供协调能力，而 ZooKeeper 就扮演了这样的角色。我们不会详细介绍 ZooKeeper 的内部原理，但会在接下来的章节中讲到 Kafka 是如何使用它的。

正如你所看到的，Kafka 集群包含多个 Broker（服务器）。为了能够成为一个正常运行的系统，这些 Broker 不仅需要相互通信，还需要达成共识。在 Kafka 生态系统中，ZooKeeper 的作用之一就是确定分区的哪一个副本是首领。我们可以用现实世界中的事物来类比。我们大多数人见过不同步的时钟，如果多个时钟显示不同的时间，我们就无法知道正确的时间。在不同的 Broker 之间达成共识可能是件很有挑战性的事情。我们需要一些东西来帮助 Kafka 在正常运行和发生故障的情况下仍能保持协调。

在生产环境中，ZooKeeper 应该是一个集群，但我们这里只打算在本地运行一个服务器实例（参见 Apache Software Foundation 网站上的"ZooKeeper Administrator's Guide"）。图 2.7 描绘了 ZooKeeper 集群及其与 Broker 的交互。KIP-500 将这种用法称为"当前"集群设计（参见"KIP-500: Replace ZooKeeper with a Self-Managed Metadata Quorum"）。

　　**提示：**如果你熟悉 znodes，或者已经有过使用 ZooKeeper 的经验，可以通过 ZkUtils.scala 来了解
　　　　　Kafka 与 ZooKeeper 的交互。

了解上述这些概念有助于提高我们实际应用 Kafka 的能力。接下来，我们将开始了解其他

系统是如何使用 Kafka 来实现真正的场景应用的。

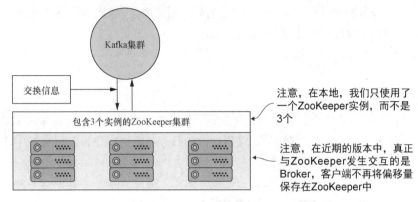

图 2.7　ZooKeeper 集群及其与 Broker 的交互

## 2.3.4　Kafka 的高级架构

通常，核心 Kafka 可以被视为运行在 Java 虚拟机上的 Scala 应用程序。Kafka 能够快速处理数百万条消息，但究竟是什么让这一切成为可能？其中的一个关键点是 Kafka 使用了操作系统的页面缓存（如图 2.8 所示）。Kafka 避免将缓存放在 JVM 内存堆中，因此避免了大堆可能出现的一些问题，例如，长时间或频繁的垃圾回收停顿（参见 Confluent 文档"Kafka Design: Persistence"）。

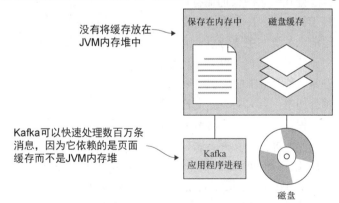

图 2.8　操作系统的页面缓存

另一个设计考量因素是数据的访问模式。在新消息涌入时，消费者可能对最新的消息更感兴趣，因此可以直接从缓存中获取这些消息。在大多数情况下，从页面缓存获取数据比从磁盘读取数据的速度更快。在一些特殊情况下，增加更多的内存有助于将更多的工作负载归入页面缓存。

正如之前提到的，Kafka 使用了自己的协议（参见"A Guide To The Kafka Protocol: Some Common Philosophical Questions"）。Kafka 作者指出，使用已有的协议[如 AMQP（Advanced Message Queuing

Protocol，高级消息队列协议）] 对实际的实现影响太大了。例如，Kafka 0.11 通过在消息标头中增加新字段来实现精确一次语义。另外，为了更有效地压缩消息，该版本还重新设计了消息格式。自定义协议可以根据 Kafka 作者的需要发生变化。

下一节介绍提交日志。

## 2.3.5　提交日志

提交日志是 Kafka 的核心概念之一。这个概念很简单，但很强大。随着深入了解它，你就会知道它有多强大。首先需要澄清一下，这里所说的日志与应用程序日志记录器（如 Java 中的 LOGGER.error）输出的日志不是一个东西。

图 2.9 描绘了提交日志的概念，看看它有多么简单（参见 Apache Software Foundation 网站上的 "Documentation: Topics and Logs"）。尽管还有其他机制需要理解，例如，在 Broker 发生故障恢复时该怎么处理日志文件，但这个基本概念是理解 Kafka 的一个关键。Kafka 的日志不是一个隐藏在系统中的细节（比如数据库的预写日志），相反，它对用户很重要，用户通过偏移量确定消息在日志文件中的位置。

提交日志的特殊之处在于它的仅追加特性，即事件始终被添加到日志的末尾。日志存储的持久性是 Kafka 有别于其他消息系统的主要特点。消息被读取后不会从系统中删除或对其他消费者不可见。

一个常见的问题是，Kafka 中的数据可以保留多久？在现今的各种公司里，当 Kafka 提交日志的数据达到指定的大小或保留期限后，数据通常会被移动到永久的存储器中。不过，这取决于你有多大

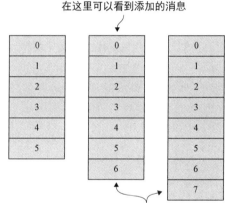

向 kinaction_alert 主题（见第 4 章）
添加两条消息

在这里可以看到添加的消息

新消息到达时被添加到日志的末尾

图 2.9　提交日志

的磁盘空间和处理工作流。《纽约时报》的单个分区容量小于 100GB（参见 B. Svingen 的文章 "Publishing with Apache Kafka at the New York Times"）。Kafka 的设计目标是在保留消息的同时保持高性能。第 6 章介绍 Broker 时将详细讨论有关数据保留的细节。现在，我们只需要知道日志数据的保留情况可以通过配置属性（时间或大小）来控制。

## 2.4　其他 API 及其用途

Kafka 经常出现在各种 API 的名字中，其中有一些 API 可以作为独立的产品使用。我们将介绍其中的一些，看看我们都有什么样的选择。除 ksqlDB（参见 Apache Software Foundation 网站上的 "Documentation: Kafka APIs"）之外，下面的几个 API 都与核心 Kafka 位于相同的源代码库中。

## 2.4.1 Kafka Streams

与核心 Kafka 相比，Kafka Streams 也吸引到了很多关注。这个 API 可以在 Kafka 项目源代码的 streams 目录中找到，大部分代码是用 Java 编写的。Kafka Streams 的优点之一是不需要启动单独的处理集群。它是一个轻量级的开发库，可以用在应用程序中。你不需要使用 Hadoop 这样的集群或资源管理器来运行工作负载。它提供了强大的功能，包括具有容错能力的本地状态、一次处理一条消息和精确一次语义支持。越深入阅读本书，你就越能理解 Kafka Streams API 是如何使用现有的核心 Kafka 来完成一些激动人心的工作的。

提供这个 API 的目的是让开发者能够尽可能容易地创建流式处理应用程序。它提供了一组流式 API，类似于 Java 8 的 Stream API，也称为领域特定语言（Domain-Specific Language，DSL）。Kafka Streams 采用了 Kafka 的核心部分，并在不增加太多复杂性与开销的情况下加入了状态处理和分布式连接。

微服务设计也受到这个 API 的影响。数据不再隔离在各个应用程序中，而被拉取到可以处理全部数据的系统中。图 2.10 对使用 Kafka 实现微服务系统的前后情况进行了对比。

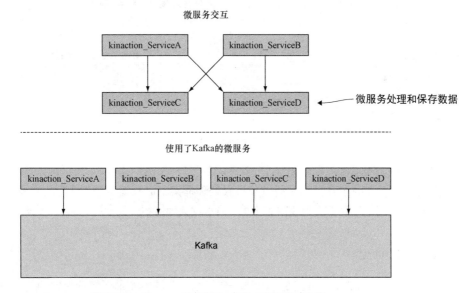

图 2.10 微服务设计

在图 2.10 的上半部分（没有使用 Kafka），每个应用程序都通过多个接口直接与其他应用程序对话，下半部分则使用了 Kafka。Kafka 不仅在不需要管理服务的情况下将数据提供给所有应用程序，而且为所有应用程序提供了单个接口来消费数据。这种不直接绑定应用程序的方式说明 Kafka 有助于解耦应用程序之间的依赖关系。

## 2.4.2　Kafka Connect

Kafka Connect 位于 Kafka 的 Connect 目录中，其大部分代码也是用 Java 编写的。创建这个框架的目的是使它更容易与其他系统集成(参见 Apache Software Foundation 网站上的"Documentation: Kafka APIs")。在很多方面，它都可以取代其他的一些工具，如 Gobblin 和 Flume。如果你熟悉 Flume，你会发现 Connect 使用的一些术语与它很相似。

源连接器用于将数据从数据源导入 Kafka。例如，如果想将数据从 MySQL 的表中迁移到 Kafka 的主题上，我们可以使用 Connect 源连接器将数据生成到 Kafka 中。接收连接器用于将数据从 Kafka 导出到不同的系统中。例如，如果我们希望长期保留某个主题的消息，可以使用接收连接器读取主题中的消息，并将它们保存在云存储等系统中。图 2.11 描绘了一个从数据库到 Connect 再到云端某个存储位置的数据流，类似于 R. Moffatt 的"The Simplest Useful Kafka Connect Data Pipeline in the World...or Thereabouts—Part 1"文章中所说的场景。

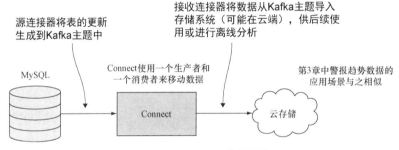

图 2.11　Connect 应用场景

取代 Flume 可能不是 Kafka Connect 的主要意图或目标。Kafka Connect 并没有为每个 Kafka 节点都设置一个代理，它的设计目标是通过与流式处理框架集成来复制数据。总的来说，Kafka Connect 是快速构建连接常见系统的数据管道的一个非常好的选择。

## 2.4.3　AdminClient

Kafka 最近引入了 AdminClient API。在引入这个 API 之前，如果要执行特定的管理操作，要么必须执行 Kafka 提供的 Shell 脚本，要么直接调用 Kafka 的一些内部类。这个 API 是 kafka-clients.jar 文件的一部分，它与前面介绍的其他 API 不一样。这个 API 是一个非常好的工具，当我们需要深入参与 Kafka 的管理操作时，它就会派上用场（参见 Apache Software Foundation 网站上的"Documentation: Kafka APIs"）。这个工具使用了与生产者和消费者类似的配置。

## 2.4.4　ksqlDB

2017 年年底，Confluent 发布了 KSQL（Kafka 的一个新的 SQL 引擎）开发者预览版，后改名为 ksqlDB。那些主要使用 SQL 进行数据分析的开发人员和数据分析人员可以在不放弃他们熟悉的接口的前提下充分利用流式处理的优势。尽管语法可能有点相似，但是它们之间仍然存在显著的差异。

关系数据库用户熟悉的大多数查询涉及按需查询或一次性查询。ksqlDB 要求开发人员对数据流进行连续查询，这对于他们来说是一个重大的转变，也是一个新的视角。与 Kafka Streams API 一样，ksqlDB 也让处理数据流变得更加容易。虽然面向数据工程师的接口仍然使用他们熟悉的 SQL 语法，但是对于某些场景，比如在仪表盘上展示服务中断信息，持续执行和更新查询可能会取代曾经使用基于时间点的 SELECT 语句。

## 2.5　Confluent 的客户端

因为 Kafka 太流行了，所以选择哪种语言与 Kafka 发生交互从来就不是问题。在示例中，我们将使用核心 Kafka 项目提供的 Java 客户端。Confluent 也提供了许多其他的客户端（参见 Confluent 文档"Kafka Clients"）。

由于不同的客户端支持的特性不一样，因此 Confluent Documentation 网站提供了一个清单，列出了不同的编程语言所支持的特性。顺便说一下，多了解一些其他的开源客户端有助于你开发自己的客户端，甚至可以帮助你学会一门新语言。

应用程序最有可能使用客户端与 Kafka 发生交互，所以我们看一下如何在应用程序中使用 Java 客户端（见代码清单 2.9）。我们将使用客户端完成生产和消费消息的过程，就像之前在命令行中做的那样。再加上一些额外的样板代码（为了强调与 Kafka 相关的部分，这里没有列出来），你就可以在 Java 的 main() 方法中用它们来生产一条消息。

代码清单 2.9　Java 生产者客户端

```
public class HelloWorldProducer {
  public static void main(String[] args) {

    Properties kaProperties =          生产者接收一个包含多个键值对
      new Properties();                的 Map 来配置它的各种选项
    kaProperties.put("bootstrap.servers",
      "localhost:9092,localhost:9093,localhost:9094");    这个属性的值可以是
                                                           一个 Broker 地址列表
    kaProperties.put("key.serializer",
      "org.apache.kafka.common.serialization.StringSerializer");    消息的键和
    kaProperties.put("value.serializer",                            值的序列化
      "org.apache.kafka.common.serialization.StringSerializer");    格式
```

```
    {
    try (Producer<String, String> producer =
        new KafkaProducer<>(kaProperties))
```
←── 创建一个生产者实例。生产者实现了可关闭的接口，Java 运行时在必要时会自动关闭它

```
        ProducerRecord<String, String> producerRecord =
            new ProducerRecord<>("kinaction_helloworld",
            null, "hello world again!");
```
←── 这是要发送的消息

```
        producer.send(producerRecord);
```
←── 将记录发送给 Broker

```
        }
    }
}
```

代码清单 2.9 创建了一个简单的生产者。创建生产者的第一步是设置配置属性。任何使用过 Map 的人都很熟悉这种设置属性的方式。

bootstrap.servers 是一个重要的配置参数，乍一看可能不太容易知道它的作用。它的值其实是一个 Broker 地址列表。不过，列表中不一定要包含所有的服务器地址，因为客户端在连接到集群后可以找到集群里其他 Broker 的信息，并不完全依赖这个列表。

key.serializer 和 value.serializer 这两个参数也是需要注意的。我们需要提供一个类，用于在数据进入 Kafka 时对其进行序列化。键和值不一定要使用相同类型的序列化器。

图 2.12 描绘了生产者发送消息的流程。生产者以我们传给构造函数的配置属性作为参数。有了这个生产者，我们就可以发送消息了。ProducerRecord 包含我们想要发送的数据。在示例中，kinaction_helloworld 是目标主题的名字。接下来的字段是消息的键和值。第 4 章将更多地介绍消息的键，现在只需要知道键可以为空值就可以了，这样可以让示例变得简单一些。

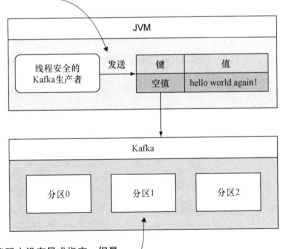

图 2.12　生产者发送消息的流程

这里发送的消息与我们使用控制台生产者发送的消息有所不同。你知道我们为什么要确保它们是不一样的吗？因为我们有两个生产者，但只有一个主题。另外，我们会有一个新的消费者，它也应该会读取到之前生成的旧消息。在消息准备就绪之后，我们就用生产者异步发送它。在本例中，我们只发送一条消息，在发送完毕后就关掉生产者，它会等待发送请求完成，然后优雅地关闭。

在运行这些 Java 客户端示例之前，我们需要确保 pom.xml 文件中包含代码清单 2.10 中的依赖项（参见 Confluent 文档"Kafka Java Client"）。我们将在本书的所有例子中使用 Maven。

**代码清单 2.10　Java 客户端的 POM 依赖项**

```
<dependency>
  <groupId>org.apache.kafka</groupId>
  <artifactId>kafka-clients</artifactId>
  <version>2.7.1</version>
</dependency>
```

现在，我们已经创建了一条新的消息，接下来，我们将使用 Java 客户端创建一个可以读取消息的消费者（见代码清单 2.11）。我们可以在 Java 的 main() 方法中运行这些代码，并在读取完毕后终止程序。

**代码清单 2.11　Java 消费者客户端**

```
public class HelloWorldConsumer {

  final static Logger log =
    LoggerFactory.getLogger(HelloWorldConsumer.class);

  private volatile boolean keepConsuming = true;

  public static void main(String[] args) {              属性的设置方式与生
    Properties kaProperties = new Properties();    ←── 产者的设置方式一致
    kaProperties.put("bootstrap.servers",
      "localhost:9092,localhost:9093,localhost:9094");
    kaProperties.put("group.id", "kinaction_helloconsumer");
    kaProperties.put("enable.auto.commit", "true");
    kaProperties.put("auto.commit.interval.ms", "1000");
    kaProperties.put("key.deserializer",
      "org.apache.kafka.common.serialization.StringDeserializer");
    kaProperties.put("value.deserializer",
      "org.apache.kafka.common.serialization.StringDeserializer");

    HelloWorldConsumer helloWorldConsumer = new HelloWorldConsumer();
    helloWorldConsumer.consume(kaProperties);
    Runtime.getRuntime().
      addShutdownHook(new Thread(helloWorldConsumer::shutdown));
  }

  private void consume(Properties kaProperties) {
    try (KafkaConsumer<String, String> consumer =
      new KafkaConsumer<>(kaProperties)) {
```

```
consumer.subscribe(
  List.of(
    "kinaction_helloworld"            ⊲──── 消费者告诉Kafka它的
  )                                          目标主题是哪一个
);

while (keepConsuming) {
  ConsumerRecords<String, String> records =
    consumer.poll(Duration.ofMillis(250));      ⊲────── 轮询新消息
  for (ConsumerRecord<String, String> record :
    records) {                                          ⊲──
    log.info("kinaction_info offset = {}, kinaction_value = {}",
      record.offset(), record.value());           为了查看结果，将每条
    }                                             记录输出到控制台
  }
  }
 }
}

private void shutdown() {
  keepConsuming = false;
  }
}
```

代码清单 2.11 中有一个无限循环。之所以这么做，是因为我们希望可以处理无限的数据流。与生产者一样，我们也使用属性 Map 来创建消费者。但是，与生产者不同的是，Java 消费者客户端不是线程安全的（参见 Apache Software Foundation 网站上的 "Class KafkaConsumer<K,V>"）。所以，在后面的章节中，当我们在使用多个消费者时就需要考虑到这一点。我们需要确保数据访问是同步的：一个简单的解决方案是让每个 Java 线程只运行一个消费者。另外，之前我们告诉生产者将消息发送到哪里，现在我们让消费者订阅它感兴趣的主题。subscribe() 方法可以一次订阅多个主题。

代码清单 2.11 中需要特别注意的一个地方是对 poll() 方法的调用。这个方法会主动获取消息。一次轮询可能不返回任何消息，也可能返回一条消息或多条消息。因此，对于每一次轮询，代码逻辑都应该考虑如何处理多条消息。

最后，在读取完消息后，我们可以用 Ctrl+C 快捷键终止消费者程序。这些示例使用了许多默认的配置属性，后面的章节将深入介绍它们。

## 2.6  流式处理及术语解释

我们不打算深入探讨分布式系统理论或某些可能存在不同含义的定义，我们主要想探究 Kafka 的工作原理。如果你考虑在日常工作中使用 Kafka，将会看到以下这些术语，并且可以透过它们的描述审视数据处理逻辑。

图 2.13 描绘了 Kafka 的高级视图。Kafka 有很多组件，它们通过处理数据的流入、流出为用户提供价值。生产者将数据发送到 Kafka。Kafka 是一个具有可靠性和可伸缩性的分布式系统，日志是它的存储基础。数据一旦进入 Kafka 生态系统，用户就可以在他们的应用程序中通

过消费者利用这些数据。Broker 组成了集群，并用 ZooKeeper 来维护元数据。Kafka 将数据保存在磁盘上，因此在应用程序发生故障的情况下重放数据的能力也成了 Kafka 特性的一部分。这些特性让 Kafka 成为强大的流式处理应用程序的基础。

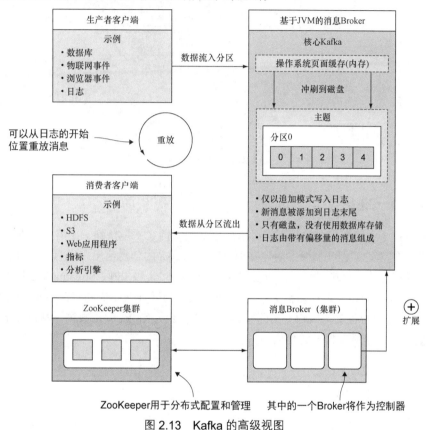

图 2.13　Kafka 的高级视图

## 2.6.1　流式处理

流式处理在不同的项目中似乎有着不同的定义。流式数据的核心原则是数据会不断到达，而且不会结束（参见 Confluent 文档 "Streams Concepts"）。同样，你需要一直处理这些数据，不等待请求或执行时间窗口。正如我们之前看到的，代码中的无限循环说明数据流是没有边界的。

这种方式不同于批处理。每晚或每月运行一次的想法也不是这个工作流的一部分。你可以想象一下永无止境的瀑布，它们的原理是一样的。有时候需要传输大量的数据，有时候没有那么多，但无论何时总有数据在目的地之间不断地流动。

从图 2.14 可以看出，Kafka Streams API 依赖了核心 Kafka。当事件不断进入集群时，消费者应用程序不断向用户提供更新的信息，而不是等待通过查询获取事件的静态快照。即使 5min 不刷新网页，用户也可以看到最新的事件！

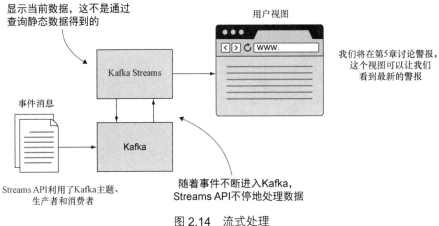

图 2.14　流式处理

## 2.6.2　精确一次语义

Kafka 中最令人感到兴奋并且可能讨论得最多的特性之一是精确一次语义。本书不会讨论这些观点背后的理论，但我们会了解这些语义对于 Kafka 的日常使用来说意味着什么。

确保"精确一次"处理最简单的方法是不要跳出 Kafka 和主题。Streams API 是实现"精确一次"语义最简单的途径之一，因为它是一个可以作为事务来完成的封闭系统。各种各样的 Kafka Connect 连接器也支持精确一次语义，它们也用于从 Kafka 取出数据，因为 Kafka 并不一定在每种场景下总是所有数据的终点。

## 总结

- Kafka 用消息来表示数据。Kafka 的 Broker 集群负责处理这些数据，并与外部系统和客户端发生交互。
- Kafka 使用了提交日志，了解提交日志有助于了解整个系统。
- 日志的仅追加写入模式决定了消息是如何存储和读取的。应用程序既可以从日志的开头位置开始处理数据，也可以按照特定的顺序重新处理数据，从而满足不同的场景需求。
- 生产者客户端用于将数据移入 Kafka 生态系统。将其他数据源（如数据库）的数据移入 Kafka 有助于增加那些曾经隔离在应用程序中的数据的可见性，在没有 Kafka 的情况下，这些应用程序只能通过提供接口访问数据。
- 消费者客户端从 Kafka 读取消息。多个消费者可以同时读取相同的数据。不同的消费者可以从不同的位置开始读取数据，这种能力体现了 Kafka 主题的消费灵活性。
- 通过 Kafka 在目的地之间持续流动数据有助于我们重新设计以前受限于批处理或延时工作流的系统。

# 第二部分

# 应用 Kafka

在本书第二部分中，我们将以在第一部分中建立的 Kafka 思维模型为基础，应用学到的知识。我们将了解 Kafka 的基础部分，并从使用基本的生产者和消费者客户端开始。即使你只打算用 Kafka Streams 或 ksqlDB 开发应用程序，第二部分的内容仍然值得你花时间阅读。该部分所讨论的核心内容将成为 Kafka 生态系统中大多数高级库和抽象层的基础。

- 在第 3 章中，我们将设计一个示例项目，并学习如何在这个项目中应用 Kafka。这里涉及的与 Schema 相关的内容将在第 11 章中进行更详细的介绍，但出于项目的需要，我们在设计之初就涉及了这方面的内容。
- 第 4 章将详细介绍如何使用生产者将数据移动到 Kafka 中，并将介绍重要的配置选项及其对数据源的影响。
- 第 5 章将深入探究如何使用消费者消费 Kafka 中的数据。我们已经在第 4 章中指出了消费者客户端和生产者之间的异同之处。
- 第 6 章开始探究 Broker 在集群中所扮演的角色。这一章涵盖首领和控制器角色，以及它们与客户端之间的关系。
- 第 7 章将分析主题和分区是如何为我们提供数据的。这一章还将介绍与主题压实相关的内容。
- 第 8 章将探讨一些用于保留或重新处理数据的工具和架构。
- 第 9 章将介绍一些可以帮助管理员保持集群健康的日志和指标。

跟随第二部分的内容，你将对 Kafka 的核心部分以及如何在实际当中应用它们有更详细的了解。让我们开始吧！

# 第3章 设计并实现一个 Kafka 项目

**本章内容：**

- 设计一个真实的 Kafka 项目；
- 确定数据格式；
- 影响数据使用的已知问题；
- 决定何时进行数据转换；
- 了解 Kafka Connect 是如何帮助我们实现流式处理的。

在前面的章节中，我们了解了如何在命令行中使用 Kafka 以及如何使用 Java 客户端。现在，我们将扩展这些概念，并看看如何用 Kafka 实现各种解决方案。我们将在开始本章的示例项目之前讨论一些需要事先考虑的问题。与其他大多数项目一样，在确定解决方案的过程中，我们可能会做出一些小的修改，并找到开发的切入点。在读完这一章后，你就可以很好地解决真实世界中的问题，并得到一个有助于你在本书的其余部分进一步探索 Kafka 的设计。让我们开始踏上这一趟令人兴奋的学习之旅！

## 3.1 设计一个 Kafka 项目

新的公司和项目可以从一开始就使用 Kafka，但并不是所有的 Kafka 采用者都有这样的机会。对于我们这些在企业环境中工作或使用遗留系统（现在，任何超过 5 年的系统都可能被视为遗留系统）的人来说，从头开始使用 Kafka 就成了一种奢望。不过，已有的架构为我们提供了一系列需要解决的痛点。这种局面也有助于我们转变对数据的思考方式。在本章中，我们将为一家公司设计一个项目，这家公司准备改变他们处理数据的方式，并将 Kafka 应用到项目中。

### 3.1.1　重新设计已有的数据架构

在设计过程中，我们的灵感源于 Kafka 不断增长的采用率。第 1 章提到的 Confluent 公司有一个专门的主题（参见 Confluent Documentation 网站）。另外，Janakiram MSV 撰写的一篇名为"Apache Kafka: The Cornerstone of an Internet-of-Things Data Platform"的文章也提到用 Kafka 处理传感器数据。我们将使用传感器数据作为应用场景来设计我们的虚拟示例项目。

我们虚拟的咨询公司刚刚签了一份合约，为一家生产电动自行车的公司重新设计其系统，并实现设备的远程管理。安装在电动自行车中的传感器源源不断地提供设备内部的状态事件数据。然而，生成的事件太多，以至于现有的系统将忽略大部分消息。这家生产电动自行车的公司希望我们能够帮忙挖掘这些数据的潜力，让其各种应用程序能够充分利用这些数据。除此之外，当前的数据架构里还包含传统的大型关系数据库集群。有这么多的传感器和数据库，我们如何才能在不影响自行车生产的情况下创建基于 Kafka 的新架构？

### 3.1.2　改变的第一步

要开始我们的任务，最好的方法并不是采用大爆炸式的方式——我们不需要立即将所有的数据都转移到 Kafka 中。假设我们今天还在使用数据库，明天就想尝试一下流式数据，那么最简单的方法是使用 Kafka Connect。虽然它可以处理生产负载，但我们不一定要立即全盘托出。我们先选取其中一张数据库表来启动新架构，并保持现有应用程序正常运行。但首先，我们通过一些例子熟悉一下 Kafka Connect。

### 3.1.3　内置的特性

Kafka Connect（后面简称 Connect）的目的是帮助开发者在不编写生产者和消费者代码的情况下将数据移入或移出 Kafka。Connect 是 Kafka 的一部分，它使用预先构建好的组件帮你简化流式处理。这些预先构建好的组件叫作连接器，它们可以可靠地处理各种数据源（参见 Confluent 文档"Quickstart"）。

如果你回顾一下第 2 章，从我们在示例中使用的一些 Java 生产者客户端和 Java 消费者客户端代码就可以看出，Connect 通过在内部使用生产者和消费者为我们抽象了这些概念。最简单的例子就是 Connect 将应用程序日志文件的内容移动到 Kafka 主题中。在本地机器上运行和测试 Connect 最简单的方式是采用单机模式。如果单机模式没有问题，我们就可以在稍后对其进行扩展。我们可以在 Kafka 安装目录的 config 文件夹下找到这些文件：

- connect-standalone.properties；
- connect-file-source.properties。

如果你看一下 connect-standalone.properties 文件，你会发现里面有一些键值对配置属性，它们与我们在第 2 章中用来创建 Java 客户端的一些属性很相似。了解底层的生产者和消费者客户端有助于我们理解 Connect 如何使用相同的配置来完成它的工作。

在例子中，我们将从一个数据源获取数据并将其放入 Kafka。我们以 Kafka 安装目录中的 connect-filesource.properties 为模板创建一个名为 alert-source.properties 的文件，并将代码清单 3.1 中的内容放入其中作为文件的内容。这个文件指定了数据源 alert.txt 文件和目标主题 kinaction_alert_connect 的配置。如果你需要更多的参考资料，可以看一下 Confluent Documentation 网站上关于 Connect 的快速入门指南。要了解更详细的信息，我们建议观看 Randall Hauch（Apache Kafka 的提交者和项目管理委员会成员）在 2018 年的 Kafka 峰会上的精彩演讲。

我们只需要通过配置（不需要编写代码）就可以将文件中的内容移动到 Kafka 中。因为读取文件内容是一项常见的任务，所以我们可以使用 Connect 的预构建类。在本例中，我们使用了 FileStreamSource。对于代码清单 3.1，我们假设有一个向文本文件发送警报的应用程序。

**代码清单 3.1　配置 Connect 的文件源**

```
name=alert-source
connector.class=FileStreamSource        ◁── 指定与文件源交互的类
tasks.max=1          ◁── 在单机模式下使用 1 个任务
file=alert.txt     ◁── 监控文件的变化
topic=kinaction_alert_connect     ◁── 目标主题的名字
```

topic 属性的值非常重要。我们稍后将用它验证文件中的内容是否拉取到 kinaction_alert_connect 主题中。alert.txt 文件中新增的内容将监控到。我们将 tasks.max 属性的值设置为 1，因为连接器实际上只需要一个任务，而且在这个例子里我们不需要关心并行性问题。

**注意：** 如果你在本地运行 ZooKeeper 和 Kafka，请确保已经有 Broker 在运行（以防你在完成第 2 章的练习之后关闭了它们）。

我们已经完成了所需的配置，现在需要启动 Connect 并传入配置。我们可以通过调用 Shell 脚本 connect-standalone.sh 启动 Connect 进程，并以自定义的配置文件作为脚本的参数。要在终端中启动 Connect，请执行代码清单 3.2 中的命令，并保持它运行。

**代码清单 3.2　为文件源启动 Connect**

```
bin/connect-standalone.sh config/connect-standalone.properties \
  alert-source.properties
```

打开另一个终端窗口，在启动 Connect 服务的目录中创建一个名为 alert.txt 的文本文件，并使用文本编辑器向文件中添加几行文本，文本可以是任意内容。现在，我们使用 kfaka-console-consumer.sh 验证 Connect 是否完成了它的工作。为此，我们需要打开另一个终端窗口并从

kinaction_alert_connect 主题读取消息，具体命令见代码清单 3.3。Connect 应该读取了这个文件的内容，并将数据生成到 Kafka 中。

---

代码清单 3.3　验证文件的内容确实发送到 Kafka 中

```
bin/kafka-console-consumer.sh \
  --bootstrap-server localhost:9094 \
  --topic kinaction_alert_connect --from-beginning
```

---

在开始讨论另一种连接器类型之前，我们先快速介绍一下接收连接器以及它如何将 Kafka 的消息写回到另一个文件中。因为数据的目标（或接收器）是另一个文件，所以我们需要看一下 connect-file-sink.properties 文件里的配置属性。代码清单 3.4 列出了一个细微的变化，即将结果写入一个文件，而不是像之前那样从文件中读取内容。我们声明以 FileStreamSink 作为接收器。在这个场景中，主题 kinaction_alert_connect 是数据源。将代码清单 3.4 中的内容放在一个名为 alert-sink.properties 的文件中，这个文件指定新的配置。

---

代码清单 3.4　配置 Connect 的接收器

```
name=alert-sink
connector.class=FileStreamSink        ← 一个内置类，我们用它来与
tasks.max=1          ← 在单机模式下使用一个任务    文件发生交互
file=alert-sink.txt         ←
topics=kinaction_alert_connect   ←    Kafka 消息要写入
                                       的目标文件
        源主题的名字
```

---

如果之前的 Connect 进程仍在终端窗口中运行，我们需要将窗口关闭或按 Ctrl+C 快捷键来停止进程。然后，我们使用 file-source.properties 和 file-sink.properties 文件重新启动它。代码清单 3.5 列出了如何使用自定义源和接收器属性重新启动 Connect。最终的结果应该是数据从一个文件流到 Kafka，再写到另一个文件中。

---

代码清单 3.5　为文件源和接收器启动 Connect

```
bin/connect-standalone.sh config/connect-standalone.properties \
  alert-source.properties alert-sink.properties
```

---

为了确认 Connect 正在使用接收器，请打开在配置文件中指定的接收器文件 alert-sink.txt，并确保可以看到来自源文件的消息，它们就是发送到 Kafka 主题的消息。

### 3.1.4　票据数据

我们看一下另一个需求，即如何处理自行车票据数据。擅长创建自定义连接器的人可以很容易地通过 Connect 与其他人共享这些数据（帮助不是很了解这些系统的人）。我们已经使用过连接器（见代码清单 3.4 和代码清单 3.5），要集成其他不同的连接器也应该相对容易，因为

Connect 已经标准化了与其他系统的交互行为。

要在自行车工厂示例中使用 Connect，需要使用一个现有的源连接器，它负责将本地数据库的表更新同步到 Kafka 主题中。我们的目标不是一次性重新设计整个数据处理架构。相反，我们要做的是从基于数据库表的应用程序引入更新，并在保持其他系统不变的情况下并行开发新的应用程序。如果你需要更多的参考资料，可以参考 Confluent Documentation 网站上关于 source-connector 的内容。

第一步是为示例创建一个数据库。为了方便使用和快速入门，我们将使用 Confluent 的 SQLite 连接器。如果你能够在终端运行 sqlite3 并看到命令提示符，说明已经完成设置了。否则的话，请使用你喜欢的包管理器或安装程序安装一个可以在你的操作系统上运行的 SQLite 版本。

> 提示：在本章的源代码中，在 Commands.md 文件中可以找到安装 Confluent 命令行接口（Command Line Interface，CLI）和使用 confluent-hub 命令安装 JDBC 连接器的说明。示例的其他部分使用的是 Confluent 安装目录下的命令，而不是 Kafka 安装目录下的命令。

要创建一个数据库，在命令行中执行 sqlite3 kafkatest.db。然后，运行代码清单 3.6 中的代码来创建票据表，并在表中插入一些测试数据。在设计数据库表时，我们需要考虑如何捕获数据变更并将其发送到 Kafka。大多数情况下，我们不需要捕获整个数据库，只需要在初次加载之后捕获变更即可。时间戳、序号或 ID 有助于我们确定哪些数据发生了变化，需要将其发送到 Kafka。在代码清单 3.6 中，id 或 modified 列可作为 Connect 的向导，让 Kafka 知道表中哪些数据发生了变化（参见 Confluent 文档"JDBC Source Connector for Confluent Platform"）。

**代码清单 3.6　创建票据表**

```
CREATE TABLE invoices(                    ◁── 创建一张票据表
   id INT PRIMARY KEY    NOT NULL,        ◁─┐ 设置自增 ID，让 Connect
   title          TEXT   NOT NULL,          │ 知道要捕获哪些记录
   details        CHAR(50),
   billedamt      REAL,
   modified       TIMESTAMP DEFAULT (STRFTIME('%s', 'now')) NOT NULL
);

INSERT INTO invoices (id,title,details,billedamt) \    ┐ 向表中插入
   VALUES (1, 'book', 'Franz Kafka', 500.00 );    ◁──  │ 测试数据
```

在 etc/kafka-connect-jdbc 目录中创建一个 kafkatest-sqlite.properties 文件，在修改完数据库表名后，就可以看到插入或更新数据会导致消息被发送到 Kafka。关于如何查找和在 Confluent 安装目录中安装 JDBC 连接器的详细说明，请参考 GitHub 中的源代码。JDBC 连接器与文件连接器不一样，后者是 Kafka 发行版的一部分。此外，如果时间戳格式出错，请尝试源代码中提供的其他选项。

现在，我们有了一个新的配置，所以需要启动 Connect，并把 kafkatest-sqlite.properties 传给它。代码清单 3.7 演示了如何使用 Confluent CLI 工具启动 Connect。

```
confluent-hub install confluentinc/kafka-connect-jdbc:10.2.0
confluent local services connect start
...
confluent local services connect connector config jdbc-source
--config etc/kafka-connect-jdbc/kafkatest-sqlite.properties
```

使用新的数
据库配置属
性文件

我们也可以使用单独的连接脚本 connect-standalone.sh。尽管功能强大的 Kafka Connect 对于将已有数据库表迁移到 Kafka 来说已经足够好了，但是这个传感器示例（没有使用数据库）需要使用一种不同的技术。

## 3.2　设计传感器事件

由于这个先进的传感器没有现成的连接器，因此我们直接通过自定义的生产者与事件系统发生交互。在接下来的章节中，我们主要关注通过自己编写的生产者将数据发送到 Kafka。

图 3.1 描绘了一个需要多个阶段共同协作的关键路径。其中有一个质量检测传感器，如果它由于维护或发生故障而停机，可以跳过这个传感器，避免发生延迟。每一个阶段（在图 3.1 中用齿轮表示）都有一个传感器，它们向当前系统的数据库集群发送消息。另外，还有一个管理控制台，用于远程更新和执行传感器命令。

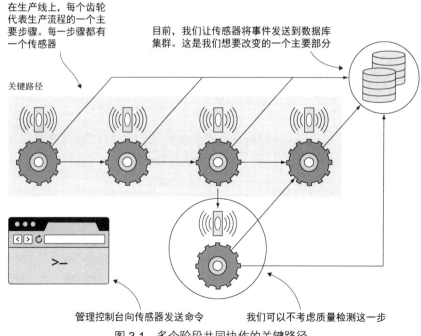

图 3.1　多个阶段共同协作的关键路径

## 3.2.1 现有的问题

我们先从讨论之前场景中存在的一些问题开始。数据持久性与可用性需求是极具挑战性的问题。我们看看如何应对其中的两个挑战——数据孤岛和可恢复性。

### 1. 数据孤岛

工厂的数据及其处理过程由一个应用程序负责。如果其他人想要使用这些数据，他们需要与这个应用程序的所有者交涉。那么，应用程序所有者以易于访问的格式为外部提供数据的可能性有多大？或者如果他们根本不提供数据呢？

转变传统的"数据思维"就是应该让每个人都能够获得原始数据。如果你能够在数据到达时获取它们，就不应该担心 API 会以特定的格式或在执行完自定义转换之后将它们提供出来。如果提供 API 的应用程序不能正确地解析原始数据该怎么办？如果我们不得不基于原始数据源的变更重新创建数据，那么弄清这些东西可能需要一大段时间。

### 2. 可恢复性

像 Kafka 这样的分布式系统有一个非常大的优点：故障是预期的。也就是说，故障在计划之内出现并得到了妥善处理！然而，除系统故障之外，我们在开发应用程序时还需要考虑人的因素。如果应用程序的一个缺陷或逻辑问题破坏了数据，我们将如何修复它们？有了 Kafka，我们就可以像在第 2 章中使用控制台消费者标志--from-beginning 那样，从主题的开始位置重新读取数据。此外，Kafka 的数据保留特性可以让数据反复使用。重新处理数据的能力是非常强大的。但是，如果原始事件不可用，就很难对现有的数据进行重建。

因为同样的事件传感器只生成一次，所以 Broker 在消费模式中扮演了至关重要的角色。如果队列系统在订阅者读取了消息之后就将其从 Broker 中删除，如同图 3.2 所示的应用程序的 1.0 版本中那样，那么这些消息就从系统中消失了。如果在事后发现应用程序的逻辑存在缺陷，就需要对其进行分析，看看是否可以使用剩余的部分来纠正数据，因为数据源不会再次触发原始事件。所幸的是，Kafka Broker 提供了一个不一样的选择。

从 1.1 版本开始，新的应用程序逻辑可以重放已经读取过的消息。新的应用程序代码修复了 1.0 版本的逻辑错误，现在可以重新处理所有的事件。重新处理事件的能力让我们在不造成数据丢失或损坏的情况下更容易增强应用程序。

我们还可以通过数据重放了解一个值是如何随着时间的推移发生变化的。我们可以将 Kafka 主题和预写日志（Write-Ahead Log，WAL）做一番比较。在 WAL 中，我们可以知道过去的值是什么及其随着时间的推移发生了哪些变化，因为对值的修改会在应用之前先写入日志。WAL 通常出现在数据库系统中，如果在执行事务时某个操作失败，就会用 WAL 进行系统恢复。如果你从头到尾跟踪事件，将看到数据是如何从初始值变成当前值的。

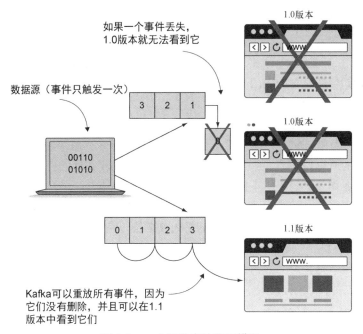

图 3.2　一个开发者的编码错误

### 3. 应该在什么时候修改数据

　　无论数据来自数据库还是日志事件，我们首先要做的都是把数据存入 Kafka，然后以原始的格式提供数据。但在数据保存到 Kafka 之前，每一步都可能修改数据或引入各种格式或编程逻辑错误。在分布式计算中，硬件、软件和逻辑都有可能发生故障，所以先将数据存入 Kafka 是一种最佳实践，因为如果发生故障，你已经具备了重放数据的能力。

## 3.2.2　为什么 Kafka 是最合适的

　　Kafka 也适用于虚拟的传感器应用场景吗？当然，毕竟这是一本关于 Kafka 的书，不是吗？不管怎样，我们先快速找出几个令人信服的使用 Kafka 的理由。

　　客户已经明确告诉我们，他们目前的数据库垂直扩展成本越来越高。垂直扩展指的是增加现有机器的 CPU、内存和磁盘驱动器等（为了实现动态扩展，我们还需要考虑添加更多不同的服务器）。有了水平扩展集群的能力，我们就可以期望获得更大的整体效益。尽管我们用来运行 Broker 的服务器可能不是最便宜的，但是这些服务器上的 32GB 或 64GB 内存也足以用来处理生产负载（参见 Confluent 文档 "Running Kafka in Production: Memory"）。

　　另一个可能会引起你注意的地方是我们有持续不断产生的事件。这听起来应该类似于我们之前谈到的流式处理。持续的数据流没有定义结束时间或停止点，因此系统需要为持续处理数据做好准备。另一个需要注意的地方是，在示例中，消息通常小于 10KB。消息越小，占用的页面缓存空间就越少，就能获得越好的性能。

在对场景进行需求评审时，一些关注安全问题的开发人员可能已经注意到，Broker（静止的数据）没有内置的磁盘加密功能。不过，这并不是当前系统的要求。我们需要先让系统启动并运行起来，然后在稍后的实现中再考虑安全问题。

### 3.2.3　关于我们的设计

我们需要注意不同版本的 Kafka 提供了哪些特定的功能。尽管我们在示例中使用了最新版本（在撰写本书时，版本为 2.7.1），但是由于已有基础设施的限制，一些开发人员可能无法自由选择他们正在使用的 Broker 和客户端版本。因此，当我们使用首次出现的特性和 API 时，需要加以留意。表 3.1 列出了 Kafka 里程碑版本的主要特性，并非所有版本都有这些特性（参见 Apache Software Foundation 网站）。

表 3.1　Kafka 里程碑版本的主要特性

| Kafka 版本 | 特　　　性 |
| --- | --- |
| 2.0.0 | 支持前缀匹配和主机名验证的 ACL（默认为 SSL 开启） |
| 1.0.0 | 支持 Java 9 和磁盘簇故障改进 |
| 0.11.0.0 | Admin API |
| 0.10.2.0 | 客户端兼容性改进 |
| 0.10.1.0 | 基于时间的查找 |
| 0.10.0.0 | Kafka Streams、时间戳和机架感知 |
| 0.9.0.0 | 各种安全特性（ACL、SSL）、Kafka Connect 和新的消费者客户端 |

接下来的几章将主要介绍客户端，其中需要注意的是提高客户端的兼容性。0.10.0 版本及其以后的 Broker 可以支持较新的客户端。这一点很重要，因为我们现在可以先升级客户端，尝试使用新版本客户端的特性，Broker 可以保持原来的版本，直到我们决定要升级它。如果你有一个已经存在的集群，那么在运行这些示例时将非常方便。

既然我们已经决定尝试使用 Kafka，那么现在是时候考虑如何处理数据了。下面的问题与我们希望如何处理数据有关。这些问题会影响我们设计的各个部分，但现在的主要任务是确定数据结构，我们将在后面的章节讨论如何实现。这个问题清单可能不是最完备的，但它是规划设计的一个很好的起点。

- 丢失消息是否可接受？例如，丢失一个关于抵押贷款支付的事件会不会给你的客户造成大麻烦并导致他们对你的业务失去信任？或者，你的社交媒体账户的 RSS 订阅丢失了一篇文章会不会是个大问题？虽然后者很不幸，但这会成为你的客户的世界末日吗？
- 数据是否需要进行分组？事件之间是否具有相关性？例如，是否需要考虑账户的变更？如果要考虑，就需要将账户的各种变更与发生账户变更的客户关联起来。如果预先对事件进行分组，应用程序在从主题读取消息时就不需要协调多个消费者了。

- 是否需要按照特定的顺序传递数据？如果消息不是按照它们发生的顺序进行传递的，会发生什么情况？例如，你可能会在收到下单事件之前收到取消订单的通知。最终，后到的下单事件导致产品被发送给客户。对客服工作的影响足以说明保证消息传递顺序确实是必不可少的。当然，并非所有的东西都需要精确的顺序。例如，对于企业的 SEO 数据来说，顺序就没有你最终能够得到的总数那么重要。
- 你只想要某个条目的最后一个值，还是想要它的整个历史记录？你关心数据是如何演变的吗？可以想象一下传统关系数据库是如何更新数据的。数据库中的数据是就地发生变化的（旧值消失了，被新值取代了）。一天前（甚至一个月前）的数据变化历史记录已经不存在了。
- 有多少消费者？它们是否是相互独立的，或者它们在读取消息时是否需要保持某种顺序？如果你想要尽可能快地处理大量数据，那么想清楚这个问题将有助于你在处理时对消息进行拆分。

现在，我们需要向工厂提出这些问题，并试着把这些问题应用到实际需求中。3.2.5 节将用图表述每一个场景。

## 3.2.4　用户数据需求

新架构需要提供几个关键特性。通常，我们希望消费者服务即使发生崩溃也能够继续捕获消息。例如，如果远程工厂的一个消费者应用程序发生宕机，我们希望它在稍后可以继续处理消息，而不会完全丢弃消息。此外，在应用程序完成维护或故障恢复之后，我们希望它仍然能读取到所需的数据。对于示例场景，我们还需要获得传感器正常或损坏（一种警报）的状态，并希望能够看到每一个生产阶段是否可能导致整体故障。

除上述这些数据之外，我们还希望维护传感器警报的历史记录。这些数据可以用于确定趋势，并在实际事件导致设备损坏之前预测故障。我们还希望保留向传感器推送更新或查询传感器状态的用户审计日志。最后，出于合规性的考虑，我们想知道谁对传感器执行了哪些管理操作。

## 3.2.5　应用我们的问题清单

我们进一步看一下创建审计日志的需求。总的来说，所有来自管理 API 的事件都需要捕获。我们想要确保只有具有访问权限的用户能够执行传感器操作，并且不应该丢失任何事件，因为如果缺失了事件，审计就是不完整的。我们不需要对键分组，因为每个事件都是独立的。

对于审计主题来说，消息的顺序并不重要，因为每条消息都有一个时间戳。我们关心的是所有数据都要到达主题并等待处理。Kafka 本身是支持消息按时间排序的，但消息体中也可以包含时间。无论怎样，这里的场景都不需要严格的顺序。

图 3.3 描绘了用户通过管理应用程序的控制台分别向传感器 1 和传感器 3 发送了一条命令，

生成了两个审计事件的应用场景。这两条命令在 Kafka 中应该被视为两个独立的事件。为了表述得更清楚一些，表 3.2 列出了我们应该考虑的关于每个审计需求的大致清单。这个清单有助于我们在使用生产者客户端时进行相应的配置。

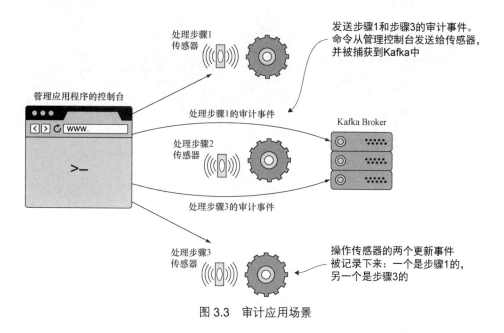

图 3.3　审计应用场景

表 3.2　审计需求清单

| Kafka 特性 | 是 否 关 注 |
| --- | --- |
| 消息丢失 | 是 |
| 分组 | 否 |
| 顺序 | 否 |
| 只需要最后的值 | 否 |
| 独立的消费者 | 是 |

我们要确保生产者没有丢失数据，并且消费者应用程序不关心数据是否有序。此外，我们希望通过状态警报发现每一个自行车系统状态的趋势，因此需要使用键对数据进行分组。我们还没有深入介绍"键"的概念，暂且可以把它视为一种对相关事件进行分组的方法。

我们可以使用自行车在每个生产阶段的部件 ID 作为键，因为它们是唯一的。我们希望能够基于某一特定阶段的所有事件找出这些随时间发生变化的趋势。因为每一个传感器都有相同的键，所以我们应该能够轻松地处理好这些事件。警报状态每 5s 发送一次，我们并不担心会错过消息，因为下一条消息很快就会到达。如果一个传感器每隔几天就发送一条"需要维护"的消息，我们就应该知道，这台设备出现了故障。

图 3.4 描绘了警报趋势应用场景。设备警报事件被发送到 Kafka。虽然 Kafka 并不是系统的直接关注点，但是它确实有助于我们把数据移动到其他数据存储器或处理系统（如 Hadoop）中。

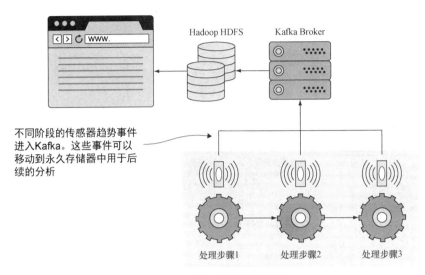

图 3.4　警报趋势应用场景

由表 3.3 可知，我们的需求是按照生产阶段对警报结果进行分组，并且不担心偶尔会丢失消息。

表 3.3　审计需求清单

| Kafka 特性 | 是 否 关 注 |
| --- | --- |
| 消息丢失 | 否 |
| 分组 | 是 |
| 顺序 | 否 |
| 只需要最后的值 | 否 |
| 独立的消费者 | 是 |

对于状态警报，我们也希望能够按照生产阶段进行分组。不过，我们并不关心传感器过去的状态，我们只关心它们当前的状态。换句话说，当前的状态才是我们关心和需要的。

我们直接用新状态替换旧状态，不需要维护状态历史记录。这里的替换一词并不完全准确（或者与我们习惯的用法有不完全相同的含义）。在内部，Kafka 将接收到的新事件添加到日志文件末尾，与接收到的其他任何消息一样。毕竟，日志是不可变的，新消息只能添加到文件末尾。那么 Kafka 是如何更新事件的呢？它采用一种叫作日志压实的方式，我们将在第 7 章对此进行深入探讨。

这个需求的另一个不同之处在于分配给特定分区的消费者。因为需要维持正常的运行时间，所以我们需要尽快处理关键警报。图 3.5 描绘了如何将关键警报发送到 Kafka，然后用它们生成可以帮操作员快速获得信息的视图。由表 3.4 可知，我们想要根据生产阶段对警报进行分组并且只想知道最新状态的需求。

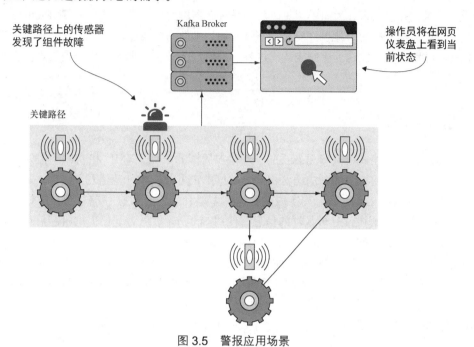

图 3.5　警报应用场景

表 3.4　审计需求清单

| Kafka 特性 | 是 否 关 注 |
| --- | --- |
| 消息丢失 | 否 |
| 分组 | 是 |
| 顺序 | 否 |
| 只需要最后的值 | 是 |
| 独立的消费者 | 否 |

花一些时间来规划数据需求，不仅可以帮助我们理解需求，还有助于我们在设计过程中对 Kafka 的应用进行验证。

## 3.2.6　评审我们的设计

最后需要考虑的是我们该如何组织这些分组的数据。从逻辑上看，这些数据可以按以下方式分组：

- 审计数据；
- 警报趋势数据；

■　警报数据。

我们可能会用警报趋势数据作为警报主题的起点，因为一个主题可以作为填充另一个主题的起点。不过，在设计中，为简单起见，我们将传感器的每一个事件类型写到对应的逻辑主题上。也就是说，把所有的审计事件发送到审计主题，把所有的警报趋势事件发送到警报趋势主题，把所有的警报事件发送到警报主题。这种一一对应的关系有助于我们将关注点放在手头的需求上。

## 3.3　数据格式

在设计中，数据格式是最容易忽视的，却是很关键的一点。XML 和 JSON 是定义数据结构的标准格式。但即使有了清晰的语法格式，数据中也可能缺少一些信息。比如，第一列或第三列代表什么意思？文件中第二列字段的数据类型是什么？从数据存储系统拉取数据的应用程序可能隐藏了如何解析或分析数据的信息。使用 Schema 可以为我们提供所需信息，代码或其他需要处理相同数据的应用程序可以使用 Schema。

如果你看一下 Kafka 的文档，你可能会发现一个叫作 Apache Avro 的序列化框架。Avro 支持 Schema 定义，并可以将 Schema 保存在 Avro 文件中（参见 J. Kreps 的文章"Why Avro for Kafka Data?"）。你很可能会在现实世界的 Kafka 代码中看到 Avro，这也是为什么我们会在所有可用的选项中更加关注它。我们仔细看一下为什么 Kafka 通常会使用这种格式。

### 3.3.1　数据规划

使用 Kafka 的一个显著好处是生产者和消费者不会直接耦合。此外，Kafka 默认不做任何数据验证。但是，每一个进程或应用程序可能都需要理解数据的含义和格式。使用 Schema 为应用程序开发人员提供了一种理解数据含义和结构的方法。即使要让其他人知道数据类型或尝试对数据转储进行反向工程，也不需要在 README 文件中发布数据的定义。

代码清单 3.8 列出了一个 JSON 格式的 Avro Schema 示例。我们可以用定义的详细信息（比如名称、类型和默认值）来创建字段。例如，Schema 告诉我们，daysOverDue 字段表示一本书过期的天数，类型为 int，默认值为 0。我们还知道这个字段的值是数字类型而不是文本（比如一周），这有助于我们为数据生产者和消费者创建一个明确的契约。

**代码清单 3.8　Avro Schema 示例**

```
{                          ┌─ 使用名称、类型和默
    "type" : "record",  ◄──┤  认值创建一个字段
    "name" : "kinaction_libraryCheckout",
    ...
    "fields" : [{"name" : "materialName",
                 "type" : "string",
```

```
          "default" : ""},                      JSON 格式的
      {"name" : "daysOverDue",  ◀            Avro Schema
       "type" : "int",          ◀──  直接映射到字段
       "default" : 0},          ◀
                                    提供默认值
      {"name" : "checkoutDate",
       "type" : "int",
       "logicalType": "date",
       "default" : "-1"},

      {"name" : "borrower",
       "type" : {
            "type" : "record",
            "name" : "borrowerDetails",
            "fields" : [
               {"name" : "cardNumber",
                "type" : "string",
                "default" : "NONE"}
            ]},
            "default" : {}
      }
    ]
  }
```

开发人员可以很容易地从代码清单 3.8 的 Avro Schema 示例中看出“是将 cardNumber 解析为数字还是字符串”（在本例中是字符串）。应用程序可以使用这些信息自动生成数据对象，避免数据类型解析错误。

Avro 等序列化框架可以使用 Schema 来处理变化的数据。在关系数据库中，大多数人通过修改 SQL 语句或使用工具（如 Liquibase）来处理数据库变化。如果使用了 Schema，我们就应该知道，数据有可能会发生变化。

在进行数据设计时，我们需要 Schema 吗？一个主要的问题是，如果系统的规模越来越大，我们是否能够控制数据的正确性？消费者的数量越多，就会给我们的测试工作带来越大的负担。除数据的增长之外，我们可能无法知道数据有哪些消费者。

## 3.3.2 配置依赖项

我们已经介绍了使用 Schema 的一些好处，那么为什么我们要选择 Avro 呢？首先，Avro 始终用 Schema 进行序列化（参见 Apache Software Foundation 网站上的“Apache Avro 1.8.2 Documentation”）。虽然 Avro 本身不是 Schema，但是它在读写数据时支持 Schema，并且可以应用一些规则来处理随时间发生变化的 Schema。另外，如果你了解 JSON，也就能很容易理解 Avro。除数据之外，Schema 本身也是用 JSON 定义的。即使 Schema 发生了变化，你也可以继续处理数据。旧格式将已有的 Schema 作为数据的一部分，新格式将使用数据中包含的 Schema。客户端是 Avro 最直接的受益者。

Avro 的另一个优势是它非常流行。我们最先看到它用在各种 Hadoop 组件中，但它也可以用在其他的应用程序中。Confluent 为它的大部分工具提供了 Avro 内置支持（参见 J. Kreps 的文章"Why Avro for Kafka Data?"）。除此之外，很多编程语言有 Avro 绑定，通常不难找到它们。那些曾经有过"糟糕"体验并希望避免生成代码的人可以在不生成代码的情况下动态地使用 Avro。

现在我们开始使用 Avro，先将依赖项添加到 pom.xml 文件中，如代码清单 3.9 所示（参见 Apache Software Foundation 网站上的"Apache Avro 1.8.2 Getting Started (Java): Serializing and Deserializing without Code Generation"）。如果你不习惯使用 pom.xml 或 Maven，可以直接在项目的根目录中找到这个文件。

---

**代码清单 3.9　在 pom.xml 中添加 Avro 依赖项**

```
<dependency>
  <groupId>org.apache.avro</groupId>        在项目的 pom.xml 文件中
  <artifactId>avro</artifactId>             添加这个依赖项
  <version>${avro.version}</version>
</dependency>
```

既然我们已经修改了 POM 文件，那么就继续使用插件，它将为我们的 Schema 定义生成 Java 源代码。附带说明一下，如果你不想使用 Maven 插件，可以用单独的 JAR 包工具 avro-tools 来生成源代码。对于那些不喜欢在项目中生成代码的人来说，这并不是一个硬性要求。

代码清单 3.10 展示了如何将 avro-maven-plugin 添加到 pom.xml 中。这个代码清单省略了 XML 配置块。添加的配置也要告诉 Maven，我们希望为指定目录中的 Avro 文件生成源代码，并将生成的源代码输出到指定目录。如果有必要，我们还可以修改源目录和输出目录，让它们与项目结构相匹配。

---

**代码清单 3.10　在 pom.xml 中添加 Avro 的 Maven 插件**

```
<plugin>
  <groupId>org.apache.avro</groupId>
  <artifactId>avro-maven-plugin</artifactId>       在 pom.xml 中设置
  <version>${avro.version}</version>               插件的 artifactId
  <executions>
    <execution>
      <phase>generate-sources</phase>              配置 Maven
      <goals>                                      的 phase
        <goal>schema</goal>                        配置 Maven
      </goals>                                      的 goal
      ...
    </execution>
  </executions>
</plugin>
```

我们先为警报状态应用场景定义 Schema。首先，使用文本编辑器创建一个名为 kinaction_alert.avsc 的文件。代码清单 3.11 列出了 Schema 文件。我们将 Java 类命名为 Alert，在用这个文件生成源代码后，我们将使用这个类。

代码清单 3.11　Alert 类的 Schema 文件：kinaction_alert.avsc

```
{
  ...
  "type": "record",              生成的 Java
  "name": "Alert",    ◄──────   类的名字
  "fields": [         ◄──────
    {                            定义数据类型和注释说明
      "name": "sensor_id",
      "type": "long",
      "doc": "The unique id that identifies the sensor"
    },
    {
      "name": "time",
      "type": "long",
      "doc":
        "Time alert generated as UTC milliseconds from epoch"
    },
    {
      "name": "status",
      "type": {
        "type": "enum",
        "name": "AlertStatus",
        "symbols": [
          "Critical",
          "Major",
          "Minor",
          "Warning"
        ]
      },
      "doc":
        "Allowed values sensors use for current status"
    }
  ]
}
```

代码清单 3.11 还列出了警报的定义，其中"doc"不是必需的，但它有助于未来编写生产者或消费者的开发人员理解数据的含义，避免他们再去推断数据的含义，并让内容变得更加明确。例如，time 字段似乎总会引起开发人员的焦虑。它是字符串格式的吗？它是否包含时区信息？它是否包含闰秒？而 doc 字段就可以提供这方面的信息。名字空间字段（没有在代码清单 3.11 中展示）会转换为 Java 类的包名。你可以在本书的源代码中查看完整的示例。各个字段的定义都包含字段的名称和类型。

我们已经定义好了 Schema，现在开始运行 Maven 来看看我们的成果。执行 mvn generate-sources 或 mvn install 命令将在项目中生成源代码。这将生成两个类 Alert.java 和 AlertStatus.java，

现在可以在示例中使用它们了。

　　尽管我们关注的是 Avro，但是为了能够在生产者和消费者客户端中使用定义好的 Schema，本章余下的内容都是关于如何修改生产者和消费者客户端的。我们可以自己定义 Avro 序列化器，不过 Confluent 已经提供了一个很好的示例。为了使用生成的类，需要在 POM 文件中添加 kafka-avro-serializer 依赖项（参见 Confluent 文档"Application Development: Java"）。代码清单 3.12 列出了将要添加的 kafka 序列化器依赖项。这是为了避免为事件的键与值创建自己的 Avro 序列化器和反序列化器。

**代码清单 3.12　在 pom.xml 中添加 Kafka 序列化器依赖项**

```
<dependency>
    <groupId>io.confluent</groupId>
    <artifactId>kafka-avro-serializer</artifactId>    ◁——  在 pom.xml 文件中
    <version>${confluent.version}</version>                添加这个依赖项
</dependency>
```

　　如果你使用 Maven 进行后续操作，请确保将 Confluent 的存储库地址添加到 POM 文件中，因为 Maven 需要知道从哪里获得特定的依赖项（参见 Confluent 文档"Installation: Maven Repository For Jars"）。

```
<repository>
    <id>confluent</id>
    <url>https://packages.confluent.io/maven/</url>
</repository>
```

　　在完成构建配置并有了 Avro 对象之后，我们将对第 2 章的示例生产者 HelloWorldProducer 略加修改。代码清单 3.13 列出了对生产者类的相关修改（不包括导入语句）。我们以 io.confluent.kafka.serializers.KafkaAvroSerializer 作为 value.serializer 属性的值。它将负责处理 Alert 对象并将其发送到新的 kinaction_schematest 主题。

**代码清单 3.13　使用 Avro 的生产者**

```
public class HelloWorldProducer {

  static final Logger log =
    LoggerFactory.getLogger(HelloWorldProducer.class);

  public static void main(String[] args) {
    Properties kaProperties = new Properties();
    kaProperties.put("bootstrap.servers",
      "localhost:9092,localhost:9093,localhost:9094");
    kaProperties.put("key.serializer",
      "org.apache.kafka.common.serialization.LongSerializer");
    kaProperties.put("value.serializer",          ◁——  将 value.serializer 设置
      "io.confluent.kafka.serializers.KafkaAvroSerializer");  为 KafkaAvroSerializer
    kaProperties.put("schema.registry.url",              类，用于序列化自定义
      "http://localhost:8081");                          的 Alert 对象
```

```
    try (Producer<Long, Alert> producer =
      new KafkaProducer<>(kaProperties)) {
      Alert alert =
        new Alert(12345L,
          Instant.now().toEpochMilli(),
          Critical);                    ←——┐ 创建一个关键警报
      log.info("kinaction_info Alert -> {}", alert);
      ProducerRecord<Long, Alert> producerRecord =
          new ProducerRecord<>("kinaction_schematest",
                               alert.getSensorId(),
                               alert);

      producer.send(producerRecord);
    }
  }
}
```

之前使用的是字符串序列化器，但对于 Avro，我们需要定义一个特定的值序列化器，让客户端知道如何处理数据。现在使用的是 Alert 对象而不是字符串。只要有相应的序列化器，我们就可以在应用程序中使用任意的对象类型。这个示例还使用了 Schema Registry。第 11 章将详细介绍 Schema Registry。注册表里有 Schema 的版本历史记录，这有助于我们管理好 Schema 的演化。

可以看到，差别非常小，Producer 和 ProducerRecord 的类型发生了变化，value.serializer 的值也发生了变化。

既然我们已经使用 Alert 对象生成了消息，那么消息的消费端需要采取相应的改动。对于消费者来说，要获取主题里的消息，必须使用反序列化器，这里使用的是 KafkaAvroDeserializer（参见 Confluent 文档"Application Development: Java"）。这个反序列化器的作用是反向获得生产者序列化的消息。这里也可以引用项目中生成的 Alert 类。代码清单 3.14 列出了消费者类 HelloWorldConsumer 的变化。

**代码清单 3.14　使用 Avro 的消费者类的变化**

```
public class HelloWorldConsumer {

  final static Logger log =
    LoggerFactory.getLogger(HelloWorldConsumer.class);

  private volatile boolean keepConsuming = true;         ┐ 将 value.deserializer 设置为
                                                         │ KafkaAvroDeserializer 类，用于
  public static void main(String[] args) {               ┘ 反序列化自定义的 Alert 对象
    Properties kaProperties = new Properties();
    kaProperties.put("bootstrap.servers", "localhost:9094");
    ...
    kaProperties.put("key.deserializer",
      "org.apache.kafka.common.serialization.LongDeserializer");
    kaProperties.put("value.deserializer",                    ←——┘
      "io.confluent.kafka.serializers.KafkaAvroDeserializer");
    kaProperties.put("schema.registry.url", "http://localhost:8081");
```

```
        HelloWorldConsumer helloWorldConsumer = new HelloWorldConsumer();
        helloWorldConsumer.consume(kaProperties);

        Runtime.getRuntime()
          .addShutdownHook(
            new Thread(helloWorldConsumer::shutdown)
          );
    }

    private void consume(Properties kaProperties) {

      try (KafkaConsumer<Long, Alert> consumer =       ◁─── KafkaConsumer 的
        new KafkaConsumer<>(kaProperties)) {                类型也变成 Alert
        consumer.subscribe(
          List.of("kinaction_schematest")
        );

        while (keepConsuming) {
          ConsumerRecords<Long, Alert> records =
            consumer.poll(Duration.ofMillis(250));
          for (ConsumerRecord<Long, Alert> record :    ◁─── ConsumerRecord 的
            records) {                                       类型也变成 Alert
              log.info("kinaction_info offset = {}, kinaction_value = {}",
                record.offset(),
                record.value());
          }
        }
      }
    }

    private void shutdown() {
      keepConsuming = false;
    }
}
```

与生产者一样，消费者客户端也不需要太多修改！现在，我们已经对我们想要完成的事情和数据格式有了一些了解，我们将在下一章中实现它们。第 11 章将讨论更多与 Schema 相关的内容，并在第 4 章和第 5 章的示例项目中继续使用另一种方法来处理对象类型。虽然向 Kafka 发送数据是一个很简单的任务，但是我们仍然可以使用各种配置参数来满足特定的需求。

## 总结

- 设计 Kafka 解决方案的第一步是理解数据，包括如何处理数据丢失、消息排序和分组。
- 分组数据的需求决定了我们是否要在 Kafka 中为消息添加键。
- Schema 定义不仅可以帮助我们生成源代码，还有助于我们处理未来的数据变化。另外，我们可以在自定义 Kafka 客户端中使用这些 Schema。
- Kafka Connect 为我们提供了从各种数据源读取或写入数据的连接器。

# 第 4 章 生产者——数据的源头

本章内容：

- 发送消息与生产者；
- 自定义序列化器和分区器；
- 为满足公司的需求调整配置参数。

第 3 章探讨了企业的数据需求。我们的一些设计决策对如何向 Kafka 发送数据有着实际的影响。现在，我们将通过 Kafka 生产者这个大门进入流式处理平台的世界。阅读完这一章，你就可以通过几种不同的生成数据的方式满足一个 Kafka 项目的基本需求。

尽管生产者很重要，但它也只是整个系统的一部分。事实上，我们还可以修改生产者的配置选项，或者在 Broker 级别或主题级别设置这些选项。随着不断深入了解生产者，我们将会逐个了解这些配置选项，但在本章中如何将数据导入 Kafka 是我们关心的首要问题。

## 4.1 一个示例

在示例项目中，生产者为我们提供了一些将数据推送到 Kafka 的方法。作为回顾，图 4.1 描绘了生产者在 Kafka 中所处的位置。

我们看一下图 4.1 的左上角部分（生产者客户端），这是一个在 Kafka 中生成数据的例子。

这些数据可以来自虚拟项目中使用的物联网事件。为了让生成数据的想法更具体一些，我们将提供另一个为物联网项目编写的示例。假设我们有一个应用程序，它负责收集用户对网站的反馈。

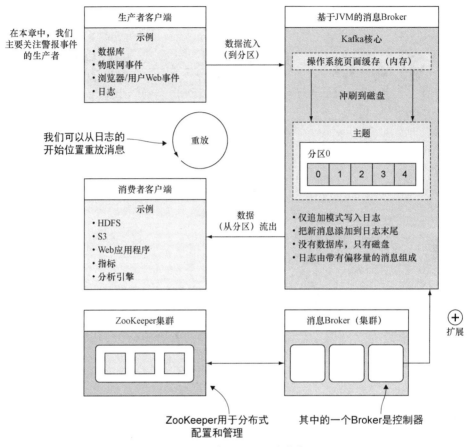

图 4.1　生产者在 Kafka 中的位置

　　用户在网站上提交表单，应用程序生成电子邮件并将其发送给客服或聊天机器人。客服人员会时不时地检查收件箱，看看客户有什么建议或问题。我们希望这些信息能够源源不断地流向我们，但我们需要一种比电子邮件收件箱更容易获取数据的方式。如果我们将这些消息发送到 Kafka 主题，就可以实现更健壮和多样化的回复方式，而不仅仅是回复用户的电子邮件。这种灵活性源于 Kafka 中有可供消费者应用程序读取的数据。

　　我们先看一下使用电子邮件作为数据管道的一部分将会产生怎样的影响。在图 4.2 中，用户在网站上提交带有反馈信息的表单，而我们主要关注数据存储的格式。

　　传统的电子邮件使用简单邮件传送协议（Simple Mail Transfer Protocol，SMTP），这反映在电子邮件事件的显示和存储方式上。我们可以使用电子邮件客户端（如微软的 Outlook）快速获取数据，但除阅读电子邮件之外，我们还可以使用哪些方式从系统获取数据并用于其他场景？常见的方式有手动复制与粘贴和使用电子邮件解析脚本（解析脚本包括使用工具、编程语言、库或框架）。尽管 Kafka 使用了自己的协议，但是它并没有对消息强加任何特定的格式，我们可以按照选择的任意格式写入数据。

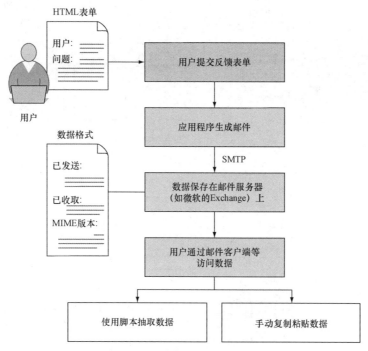

图 4.2　通过电子邮件发送数据

**注意：** 第 3 章介绍了 Apache Avro，它是 Kafka 社区里常用的一种格式。除此之外，Protobuf 和 JSON 也广受欢迎（参见 J. Kreps 的文章 "Why Avro for Kafka Data?"）。

另外，我们可以将用户反馈的问题或网站发生中断的通知视为临时警报，我们可以在回复用户后删除这些通知。但是，用户的反馈信息可能还有其他用途。我们是否有可能根据用户报告的事件判断网站发生中断的趋势？在通过营销电子邮件发送了大量优惠券以后，网站的速度是否始终会变慢？这些数据能否帮助我们找出网站缺失的功能？是否 40% 的电子邮件用于询问如何设置账户隐私？相对于使用自动解析脚本或机器人电子邮件（处理完后将数据删除），将这些数据放到 Kafka 主题中，并让多个具有不同用途的应用程序重放或读取它们，将为用户带来更多的价值。

此外，如果我们有保留数据的需求，需要由电子邮件基础设施运营团队专门负责相关工作，而不是像 Kafka 那样只需要修改一些配置。在图 4.3 中可以看到，应用程序将 HTML 表单的数据写入 Kafka 主题，而不是电子邮件服务器。我们可以按照需要的任意格式提取感兴趣的信息，并将其用于多种场景。消费数据的应用程序可以通过各种方式来处理数据，而不受限于单个协议格式。我们可以为新的应用场景保留和重新处理消息，因为如何保留消息是由我们自己控制的。现在，我们已经了解了为什么需要使用生产者，接下来我们将快速了解生产者与 Kafka Broker 的一些交互细节。

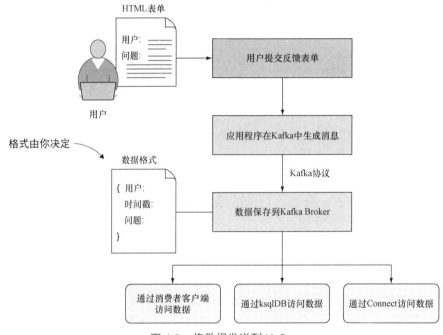

图 4.3　将数据发送到 Kafka

　　生产者的职责包括获取集群的元数据（参见 Apache Kafka 在 GitHub 网站上发布的"Sender.java"）。因为生产者只能向分配给它的分区首领写入数据，如果用户只指定了主题名字，没有提供其他任何信息，元数据可以帮助生产者确定要写入哪个 Broker。编写生产者代码的开发人员不需要单独调用方法来获取元数据，但至少需要一个正在运行的 Broker，这样 Java 客户端才能获取到它们需要的信息。

　　这个分布式系统在设计时就考虑到临时错误，如网络中断，所以内置重试逻辑。如果消息的顺序很重要，就像审计消息的顺序那样，那么除了将 retries 设置为 3 之外，还需要将 max.in.flight.requests.per.connection 设置为 1，并将 acks（需要有多少个 Broker 的确认消息写入成功）设置为 all（参见 Confluent 文档"Producer Configurations: Retries"和"Producer Configurations: max.in.flight.requests.per.connection"）。在我们看来，这是保证生产者生成的消息能够按照你所希望的顺序到达 Kafka 的最安全的方式之一，我们可以将 acks 和 retries 的值都设置成配置参数。

　　另一个需要注意的地方是使用幂等生产者。幂等指的是即使多次发送相同的消息最终也只生成一次消息。要使用幂等生产者，可以将配置属性 enable.idempotence 设置为 enable（参见

Confluent 文档 "Producer Configurations: enable.idempotence")。不过，我们不打算在下面的例子中使用幂等生产者。

我们不需要担心一个生产者会对另一个生产者生成的数据造成影响。这里不存在线程安全问题，因为数据不会被覆盖，Broker 负责处理数据，并将数据追加到日志末尾（参见 Apache Software Foundation 网站）。现在，我们看一下如何在代码中启用配置参数，如 max.in.flight.requests.per. connection。

## 4.2 生产者的配置参数

在向 Kafka 发送数据时，我们可以很轻松地设置 Java 客户端的选项，这也是本书特别关注的一点。在其他队列或消息系统中，你需要设置远程和本地队列清单、管理器主机名、启动连接、连接工厂、会话等。尽管还远未能实现完全自由的设置，但是 Kafka 的生产者已经能够基于简单的配置获取它需要的信息，比如所有 Broker 的清单。生产者能够以 bootstrap.servers 为起点，进而获取后续写入数据所需的 Broker 和分区的元数据。

正如之前提到的，你可以通过修改 Kafka 的一些配置属性改变它的关键行为。在编写生产者代码时，既可以使用 Java 类 ProducerConfig 提供的常量，也可以参考 Confluent Documentation 网站上的具有 "高" 重要性的配置属性（参见 Confluent 文档 "Producer Configurations"）。为了便于说明，我们将在示例中直接使用属性的名字。

表 4.1 列出了示例用到的一些较关键的生产者配置参数。我们将在下面的几节中了解工厂需要哪些组件来完成它的任务。

表 4.1　重要的生产者配置参数

| 参 数 名 | 作 用 |
| --- | --- |
| acks | 确认消息成功写入的副本数 |
| bootstrap.servers | 在启动时需要连接一个或多个 Kafka Broker |
| value.serializer | 用于序列化值的类 |
| key.serializer | 用于序列化键的类 |

### 4.2.1 配置 Broker 地址列表

在向 Kafka 写入消息的示例中，我们必须告诉生产者将消息发送到哪个主题。主题是由分区组成的，但是 Kafka 是怎么知道主题分区在哪里的？在发送消息时，我们不需要知道这些分区的详细信息。或许，下面的这个例子有助于澄清这个问题。生产者必需的一个配置参数是 bootstrap.servers。图 4.4 描绘了一个生产者示例，它的目标服务器地址列表中只有 Broker 0，但它可以基于这个 Broker 获取集群中 3 个 Broker 的信息。

bootstrap.servers 属性的值既可以是多个 Broker，也可以是一个 Broker，如图 4.4 所示。客户端可以通过连接这个 Broker 获取它需要的元数据，其中就包含集群中其他 Broker 的元数据（参见 Confluent 文档 "Producer Configurations: bootstrap.servers"）。

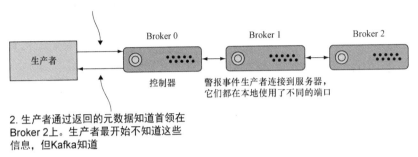

图 4.4　生产者示例

这是帮助生产者找到目标 Broker 的关键配置。生产者一旦连接到集群就可以获得所需的元数据，也就是我们没有提供的一些详细信息（例如，分区的首领副本在磁盘上的位置）。如果生产者正在写入的分区首领发生故障，它还能根据集群信息找到新的分区首领。你可能已经注意到，配置参数中并不包含 ZooKeeper 的相关信息。我们无须向生产者提供 ZooKeeper 集群的信息，它可以自己获取所需的元数据。

## 4.2.2　如何提升速度（或安全性）

许多人选择队列系统，原因之一是实现异步模式。Kafka 也支持这个强大的特性。我们可以等待生产者发送完毕，也可以通过回调或 Future 对象来异步处理发送成功或失败的情况。如果我们想要加快速度，并且不需要等待响应，可以在稍后使用自定义逻辑来处理结果。

另一个适用于这个场景的配置属性是 acks，它表示对消息写入成功的确认。这个属性用于控制生产者在返回响应之前需要从分区首领的跟随者那里收到多少次确认。这个属性的有效值为 all、-1、1 和 0（参见 Confluent 文档 "Producer Configurations: acks"）。

图 4.5 描绘了当 acks 设置为 0 时 Kafka 是如何处理消息的。将 acks 设置为 0 可以获得最低的延迟，但这是以安全性为代价的。此外，这并不能保证 Broker 一定收到消息，而且如果发送失败也不会进行重试。作为一个示例，假设我们有一个 Web 跟踪平台，它负责收集用户的单击或悬停事件并将这些事件发送给 Kafka。对于这种情况，丢失一个单击或悬停链接事件可能不是什么大问题，因为即使丢失了也不影响业务。

实际上，在图 4.5 中，生产者在发送完事件后就将其 "忘记"。消息可能从未发送到分区。即使消息发送到分区的首领副本，生产者也不知道跟随者是否从首领那里成功复制了消息。

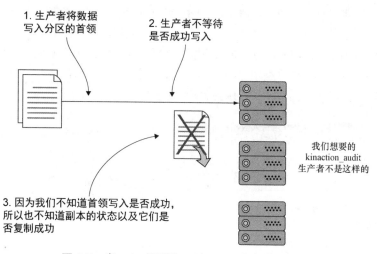

图 4.5 当 acks 设置为 0 时 Kafka 如何处理消息

acks 可设置的其他值是 all 或−1，这两个值分别代表了两种极端情况。图 4.6 描绘了当 acks 设置为 all 时，分区首领是如何等待它的所有同步副本（In-Sync Replica，ISR）成功复制消息的。换句话说，在分区的所有副本都成功写入消息之后，生产者才会得到成功确认。很明显，因为依赖其他 Broker，所以这不会是最快的消息写入方式。在许多情况下，为了防止数据丢失，付出一些性能上的代价是值得的。如果集群中有很多 Broker，我们就需要知道首领需要等待多少个 Broker 复制消息。复制消息花费的时间最长的 Broker 是决定生产者多久才能收到确认的重要因素。

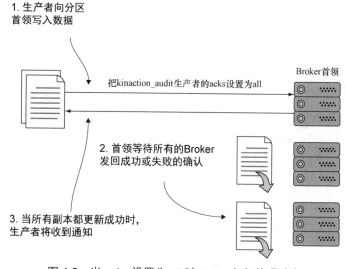

图 4.6 当 acks 设置为 all 时 Kafka 如何处理消息

图 4.7 描绘了当 acks 设置为 1 时的情况。消息的接收者（分区的首领副本）需要向生产者返回一条确认消息。生产者会一直等待确认。但此时可能会发生一种情况，即首领因故障发生了宕机，而跟随者还没有复制好消息。如果在跟随者复制好消息之前首领发生宕机，那么消息就永远不会出现在分区的副本中。从图 4.7 可以看出，在首领副本将确认消息发送给生产者后发生故障，而其他副本无法复制消息，那就相当于消息没有到达集群。

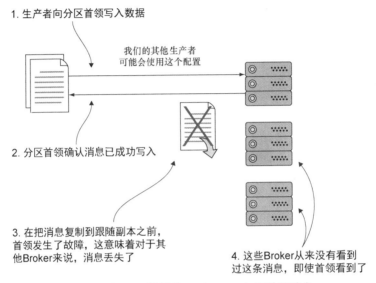

1. 生产者向分区首领写入数据

我们的其他生产者
可能会使用这个配置

2. 分区首领确认消息已成功写入

3. 在把消息复制到跟随副本之前，首领发生了故障，这意味着对于其他Broker来说，消息丢失了

4. 这些Broker从来没有看到过这条消息，即使首领看到了

图 4.7 当 acks 设置为 1 时 Kafka 如何处理消息

注意：这与第 1 章讨论的至多一次语义和至少一次语义密切相关（参见 Apache Software Foundation 网站上的 "Documentation: Message Delivery Semantics"）。acks 的设置是整个语义机制的一部分。

## 4.2.3 时间戳

新版本的生产者消息包含发送事件的时间戳。在发送 ProducerRecord 对象时，我们可以将时间戳作为 long 类型传给构造函数。消息的实际发送时间可以是这个设定的值，也可以是代理写入消息时的时间戳。如果主题的配置参数 message.timestamp.type 设置为 CreateTime，就使用客户端设置的时间戳；如果设置为 LogAppendTime，就使用 Broker 的时间戳（参见 Confluent 文档 "Topic Configurations: message.timestamp.type"）。

你应该选择使用哪个时间戳呢？如果你希望获得事件（如销售订单）发生的时间，而不是事件到达 Broker 的时间，就可以选择客户端设置的时间戳。如果创建时间只在消息内部使用，或者事件的发生时间与业务或订单无关，就可以使用 Broker 的时间戳。

不过，时间戳可能会出现一些奇怪的情况。例如，我们可能会收到一条时间戳比先到达的消息的时间戳更早的消息。如果生产者在发送一条消息时发生了故障，在重新发送之前又提交了另一条时间戳较晚的消息，就可能发生这种情况。日志中的数据是按照偏移量而不是时间戳进行排序的。虽然读取带时间戳的数据通常是消费者客户端更关心的事情，但是其实生产者也需要关心，因为生产者首先采取了确保消息顺序的措施。

正如之前所讨论的，这也是为什么在考虑是否允许重试或一次处理多个请求时需要设置好 max.in.flight.requests.per.connection 属性。如果发生了重试，而其他请求发送一次就成功写入，那么较早发送的消息可能会添加到较晚发送的消息之后。图 4.8 描绘了一个消息可能出现乱序的例子。尽管消息 1 是先发送的，但是因为启用了重试机制，所以它并没有按照已知的顺序写入日志。

注意，Kafka 0.10 之前的版本不支持时间戳功能。我们仍然可以在消息中包含时间戳，但是需要将它放在消息体中。

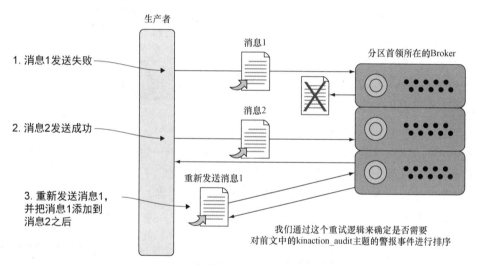

图 4.8 重试机制对消息顺序的影响

在使用生产者时还可以创建拦截器。拦截器是在 KIP（Kafka Improvement Proposal）-42 中引入的。它的主要目的是为指标和监控提供更多的支持（参见 Apache Software Foundation 网站上的 "KIP-42: Add Producer and Consumer Interceptors"）。与使用 Kafka Streams 工作流来过滤或聚合数据或为数据创建不同的主题相比，使用拦截器可能不是我们的首选。在撰写本书时，Kafka 还没有提供默认的拦截器。在第 9 章中，我们将提供一个示例，通过拦截器添加跟踪 ID 跟踪从生产者客户端到消费者客户端的消息。

## 4.3 代码实现

我们试着将我们学到的关于生产者工作原理的知识用在解决方案中。我们将从在第 3 章中为电动自行车工厂设计的审计需求清单开始。如第 3 章所述，我们想要确保操作员在执行传感器命令时不会丢失任何审计消息。我们不需要关联（或组合）任何事件，但需要确保不丢失任何消息。代码清单 4.1 展示了如何配置生产者，以及如何通过将 acks 设置为 all 确保消息写入将得到成功确认。

**代码清单 4.1　配置审计生产者**

```
public class AuditProducer {

...
private static final Logger log = LoggerFactory.getLogger        像之前那样创建
(AuditProducer.class);                                           配置属性对象
Properties kaProperties = new Properties();

kaProperties.put( "bootstrap.servers",
    "localhost:9092,localhost:9093,localhost:9094");             将 acks 设置为 all，以
kaProperties.put("acks", "all");                                 便获得最强的保证
kaProperties.put("retries", "3");
kaProperties.put("max.in.flight.requests.per.connection", "1");
...

                         如果发送失败，就让客户端重试，这样我
                         们就不需要自己实现故障处理逻辑
}
```

为了解决消息丢失的问题，除将配置属性传给生产者之外，我们不需要修改任何东西。修改 acks 的属性值是一个很小但很重要的改动，它对消息是否一定会到达 Kafka 有重大影响。因为不需要关联（或组合）事件，所以我们没有使用消息的键。不过，为了等待发送结果，我们修改了一个关键的地方。代码清单 4.2 列出了 get()方法的内容，在继续执行其他代码之前，我们将等待发送结果。代码清单 4.2 源于 Confluent Documentation 网站上提供的示例。

**代码清单 4.2　等待发送结果**

```
                                                 等待 send()方法
RecordMetadata result =                          返回响应
  producer.send(producerRecord).get();
log.info("kinaction_info offset = {}, topic = {}, timestamp = {}",
      result.offset(), result.topic(), result.timestamp());
  producer.close();
```

同步等待响应结果可以确保在发送下一条消息之前处理好由服务器返回的结果。这里的重点是确保发送信息不丢失，而不是速度！

我们已经在前面的章节中使用了几个内置的序列化器。对于纯文本消息，生产者使用了 StringSerializer。在第 3 章中，我们接触到了 io.confluent.kafka .serializers.KafkaAvroSerializer 类。如果我们需要一种特定的格式该怎么办？在使用自定义对象时就经常会遇到这种情况。我们使用序列化机制将数据转换成可以传输和存储的格式，然后将其读取并还原成原始数据的副本。代码清单 4.3 列出了 Alert 类的内容。

代码清单 4.3　　Alert 类

```java
public class Alert implements Serializable {

  private final int alertId;
  private String stageId;
  private final String alertLevel;
  private final String alertMessage;

  public Alert(int alertId,
    String stageId,
    String alertLevel,              警报的 ID、级
    String alertMessage) {          别和消息

    this.alertId = alertId;
    this.stageId = stageId;
    this.alertLevel = alertLevel;
    this.alertMessage = alertMessage;
  }

  public int getAlertId() {
    return alertId;
  }

  public String getStageId() {
    return stageId;
  }

  public void setStageId(String stageId) {
    this.stageId = stageId;
  }

  public String getAlertLevel() {
    return alertLevel;
  }

  public String getAlertMessage() {
    return alertMessage;
  }
}
```

代码清单 4.3 可用于创建 Alert 对象，其中有我们想要发送的信息。熟悉 Java 的人会注意到，代码清单 4.3 中的内容不过是 Alert 类的 getter 方法、setter 方法和构造函数。有了 Alert 对象的格式之后，我们现在就可以用它来创建一个叫作 AlertKeySerde 的序列化器，如代码清单 4.4 所示。

代码清单 4.4　　Alert 类的序列化器

```java
public class AlertKeySerde implements Serializer<Alert>,
                                      Deserializer<Alert> {
```

```
public byte[] serialize(String topic, Alert key) {          ◁──── 将主题名和 Alert 对象
    if (key == null) {                                               传给 serialize()方法
        return null;
    }
    return key.getStageId()
        .getBytes(StandardCharsets.UTF_8);          ◁──── 将对象转换
}                                                              成字节


public Alert deserialize
    (String topic, byte[] value) {                  ◁──── 目前，其他的接口方法
    //根据需要以后可以返回 Alert                              还不需要实现任何逻辑
    return null;
}

//...
}
```

在代码清单 4.5 中，我们暂时只使用这个类作为键的序列化器，并保持值的序列化器 StringSerializer 不变。同一条消息的键和值可以使用不同的序列化器，我们需要注意的是它们的配置属性。这里的代码实现了 Serializer 接口，并且只使用 stageId 字段作为消息的键。这个示例很简单，因为我们的重点是说明如何使用 Serde 技术。其他常用的 Serde 框架是 JSON 和 Avro。

> **注意**：Serde 是指序列化器和反序列化器，也就是在同一个类中实现了序列化器接口和反序列化器接口（参见 Confluent 文档 "Kafka Streams Data Types and Serialization"）。不过，我们还是会经常看到两个接口（例如 StringSerializer 和 StringDeserializer）是分开实现的，但二者之间似乎没有太大区别。

另外需要注意的是消费者反序列化对象与生产者序列化对象的关系。尽管 Kafka 并不关心它在 Broker 上存储的是什么数据，但是在客户端数据格式需要遵循某种契约。

我们的另一个目标是捕获各个生产阶段的警报趋势状态，这样就可以随着时间的推移对警报进行跟踪。我们关心的是每个阶段的信息（而不是所有传感器的信息），所以我们要考虑如何对这些事件进行分组。在本例中，由于每个 stageId 都是唯一的，因此以这个 ID 作为消息的键。代码清单 4.5 列出了设置的 key.serializer 属性，并发送了一个 CRITICAL 级别的警报。

**代码清单 4.5　警报趋势生产者**

```
public class AlertTrendingProducer {

    private static final Logger log =
        LoggerFactory.getLogger(AlertTrendingProducer.class);

    public static void main(String[] args)
        throws InterruptedException, ExecutionException {
```

```
Properties kaProperties = new Properties();
kaProperties.put("bootstrap.servers",
    "localhost:9092,localhost:9093,localhost:9094");
kaProperties.put("key.serializer",
    AlertKeySerde.class.getName());          ◁──────  告诉生产者如何序列化 Alert 对象
kaProperties.put("value.serializer",
    "org.apache.kafka.common.serialization.StringSerializer");

try (Producer<Alert, String> producer =
    new KafkaProducer<>(kaProperties)) {

    Alert alert = new Alert(0, "Stage 0", "CRITICAL", "Stage 0 stopped");
    ProducerRecord<Alert, String> producerRecord =
        new ProducerRecord<>("kinaction_alerttrend",   第 2 个参数不是 null, 而是传进
            alert, alert.getAlertMessage());    ◁──────  去一个对象作为键

    RecordMetadata result = producer.send(producerRecord).get();
    log.info("kinaction_info offset = {}, topic = {}, timestamp = {}",
            result.offset(), result.topic(), result.timestamp());
    }
  }
}
```

通常，具有相同键的消息应该发送给相同的分区，我们不需要修改任何东西。换句话说，只要使用了正确的键，具有相同 stageId（键）的消息就可以组合在一起。我们将密切关注分区的大小，看看它们在未来会不会变得不均匀，但现在只需要保持现状就可以了。另外，对于创建的自定义类，我们使用不同的方式来设置类的属性。我们不一定要通过硬编码的方式提供类的全限定名，我们也可以使用 AlertKeySerde.class.getname() 甚至 AlertKeySerde.class 作为属性的值。

我们的最后一个需求是快速处理警报，让操作员知道是否发生了严重的中断。我们也可以根据 stageId 对事件进行分组，因为我们只需要查看 stageId 的最后一个事件就可以判断传感器是否出现故障或恢复完毕（有任何状态变化）。我们不关心状态的历史记录，只关心当前的状态。在本例中，我们还希望对警报进行分区。

到目前为止，在向 Kafka 写入消息的示例中，把数据定向到一个主题，但客户端并没有提供额外的元数据。主题由位于 Broker 上的分区组成，Kafka 为将消息发送到一个特定的分区提供了一种默认的方式。在 Kafka 2.4 之前，不带键的消息默认采用轮询（round-robin）分配策略。在 Kafka 2.4 之后的版本中，不带键的消息采用黏滞（sticky）分区策略（参见 J. Olshan 的文章"Apache Kafka Producer Improvements with the Sticky Partitioner"）。不过，我们也可以自定义一些特定的方法（比如，编写我们自己的分区器类）对数据进行分区。

客户端可以通过配置不同的分区器控制向哪个分区写入数据。我们可以想到的一个例子是第 3 章中的传感器监控服务的警报级别。有些传感器的信息可能比其他传感器更重要，它们可能位于电动自行车的关键路径上，如果不解决，将导致宕机。假设我们有 4 个警报级别——紧急、重要、次要和警告。我们可以创建一个分区器，将不同级别的警报写入不同的分区。消费

者客户端始终可以确保在处理其他级别的警报之前先读取关键警报。

如果消费者能够及时读取消息，那么读取关键警报就不会是一个大问题。不过，在代码清单 4.6 中，我们还使用一个类来修改分区分配策略，确保把关键警报定向到一个特定的分区，如分区 0（注意，我们的逻辑可能会导致其他警报也添加到分区 0，但关键警报一定会添加到这个分区）。我们的逻辑与 Kafka 提供的 DefaultPartitioner 有点相似（参见 Apache Software Foundation 网站上的 "DefaultPartitioner.java"）。

---

**代码清单 4.6　警报级别分区器**

```
public int partition(final String topic      ◁─── AlertLevelPartitioner 需
                   # ...                            要实现 partition()方法

  int criticalLevelPartition = findCriticalPartitionNumber(cluster, topic);
  return isCriticalLevel(((Alert) objectKey).getAlertLevel()) ?
    criticalLevelPartition :
      findRandomPartition(cluster, topic, objectKey);    ◁── 关键警报应该被写入
}                                                            findCriticalPartitionNumber()
//...                                                        指定的分区
```

我们实现了 Partitioner 接口，并在 partition()方法中返回生产者写入消息的目标分区。在本例中，键对应的值确保任何 CRITICAL 事件都将写入特定的分区，例如，由 findCriticalPartitionNumber() 方法返回的分区 0。除创建类之外，代码清单 4.7 还展示了如何设置 partitioner.class 属性，用于告诉生产者应该使用创建的类。按照 Kafka 的配置方式使用新创建的类。

---

**代码清单 4.7　配置分区器类**

```
Properties kaProperties = new Properties();
//...                                       更新生产者配置，使用自定义
kaProperties.put("partitioner.class",   ◁── 分区器 AlertLevelPartitioner
        AlertLevelPartitioner.class.getName());
```

在这个示例中，我们可以对返回静态分区号的逻辑做一些扩展，让它变得更加动态。我们可以通过自定义代码实现满足业务需求的逻辑。

代码清单 4.8 指定了生产者的 partitioner.class 属性值，将其作为特定的分区器。我们的目的是将我们感兴趣的数据放在特定的分区中，这样消费者就可以优先读取关键警报，在处理完关键警报后再处理其他警报（在其他分区中）。

---

**代码清单 4.8　警报生产者**

```
public class AlertProducer {
  public static void main(String[] args) {

    Properties kaProperties = new Properties();
    kaProperties.put("bootstrap.servers",
```

```
        "localhost:9092,localhost:9093");
    kaProperties.put("key.serializer",                    重用 Alert 键序列
      AlertKeySerde.class.getName());          ◁────────  化器
    kaProperties.put("value.serializer",
      "org.apache.kafka.common.serialization.StringSerializer");
    kaProperties.put("partitioner.class",
      AlertLevelPartitioner.class.getName());    ◁──── 将 partitioner.class 属性设置
                                                       成分区器类
    try (Producer<Alert, String> producer =
      new KafkaProducer<>(kaProperties)) {
      Alert alert = new Alert(1, "Stage 1", "CRITICAL", "Stage 1 stopped");
      ProducerRecord<Alert, String>
          producerRecord = new ProducerRecord<>
              ("kinaction_alert", alert, alert.getAlertMessage());

      producer.send(producerRecord,
                    new AlertCallback());    ◁──── 这是我们第一次使用回调
    }                                              来处理异步发送结果
  }
}
```

在代码清单 4.8 中，添加了一个回调，它将在发送完成时执行。尽管我们对消息发送失败并不完全关心，但是考虑到事件的发生频率，我们不希望看到太多与应用程序相关的错误。代码清单 4.9 列出了一个实现 Callback 接口的示例，这个回调只在出现错误时才会将消息记录下来。代码清单 4.9 源自 Confluent Documentation 网站上的示例。

**代码清单 4.9　Alert 回调**

```
public class AlertCallback implements Callback {   ◁──── 实现 Kafka 的
                                                          Callback 接口
  private static final Logger log =
    LoggerFactory.getLogger(AlertCallback.class);

  public void onCompletion
    (RecordMetadata metadata,
     Exception exception) {        ◁──── 结果可能成功，
    if (exception != null) {              也可能失败
      log.error("kinaction_error", exception);
    } else {
      log.info("kinaction_info offset = {}, topic = {}, timestamp = {}",
              metadata.offset(), metadata.topic(), metadata.timestamp());
    }
  }
}
```

尽管在本书中我们主要关注小示例，但是了解如何在真实项目中使用生产者是有好处的。正如之前提到的，同时使用 Flume 与 Kafka 可以为我们提供各种数据功能。当我们使用 Kafka 作为接收器时，Flume 会将数据放入 Kafka 中。你可能（也可能不）熟悉 Flume，但我们对它提供了哪些特性并不感兴趣，我们只想知道它是如何使用 Kafka 生产者的。

在下面的示例中，我们使用了 Flume 1.8（如果你想查看完整的源代码，请在 GitHub 上搜索
"apache/flume/tree/flume-1.8"）。代码清单 4.10 列出了 Flume 的部分配置。

代码清单 4.10　Flume 接收器的配置

```
a1.sinks.k1.kafka.topic = kinaction_helloworld
a1.sinks.k1.kafka.bootstrap.servers = localhost:9092
a1.sinks.k1.kafka.producer.acks = 1
a1.sinks.k1.kafka.producer.compression.type = snappy
```

代码清单 4.10 中的配置属性 topic、acks、bootstrap.servers 看起来很熟悉。在前面的示例
中，我们将配置声明为属性对象。但是，代码清单 4.10 采用了配置属性外部化的方式，我们也
可以在这里的项目中这么做。Flume 项目的 KafkaSink 源代码通过生产者将获取的数据写入
Kafka。代码清单 4.11 是一个采用类似方式的生产者示例，它使用类似于代码清单 4.10 的配置
文件，并将这些值加载到生产者实例中。

代码清单 4.11　从文件读取生产者的配置信息

```
...
Properties kaProperties = readConfig();
String topic = kaProperties.getProperty("topic");
kaProperties.remove("topic");

try (Producer<String, String> producer =
                    new KafkaProducer<>(kaProperties)) {
  ProducerRecord<String, String> producerRecord =
    new ProducerRecord<>(topic, null, "event");
  producer.send(producerRecord,
            new AlertCallback());        ⊲┐我们熟悉的带有回
}                                         └调的 send()方法

private static Properties readConfig() {
  Path path = Paths.get("src/main/resources/kafkasink.conf");
                                            ┌从外部文件读取
  Properties kaProperties = new Properties();└配置信息
  try (Stream<String> lines = Files.lines(path))  ⊲┘
     lines.forEachOrdered(line ->
                    determineProperty(line, kaProperties));
  } catch (IOException e) {
    System.out.println("kinaction_error" + e);
  }
  return kaProperties;
}
                                          ┌解析并设置
private static void determineProperty     └配置属性
  (String line, Properties kaProperties) {  ⊲┘
  if (line.contains("bootstrap")) {
    kaProperties.put("bootstrap.servers", line.split("=")[1]);
  } else if (line.contains("acks")) {
      kaProperties.put("acks", line.split("=")[1]);
```

```
    } else if (line.contains("compression.type")) {
      kaProperties.put("compression.type", line.split("=")[1]);
    } else if (line.contains("topic")) {
      kaProperties.put("topic", line.split("=")[1]);
    }
    ...
}
```

虽然代码清单 4.11 省略了一些代码，但是生产者的相关代码现在看起来应该很熟悉了。生产者的配置和发送方法都应该与本章中的代码看起来差不多。现在，希望你们有足够的信心开始深入探究这些配置属性以及它们对生产者行为的影响。

我们给读者留了一个练习：比较 AlertCallback.java 和 KafkaSink 的回调类 SinkCallback。这里通过 RecordMetadata 对象获取消息发送是否成功的信息。这些信息可以让我们知道生产者写入消息的具体位置，包括分区和偏移量。

的确，你可以直接使用像 Flume 这样的应用程序，不需要深入研究源代码就可以实现你想要的功能。然而，如果你想知道内部发生了什么或需要做一些高级的故障排除，那么了解工具的内部工作原理是必不可少的。在掌握了与生产者相关的新知识后，你就可以自己使用这些技术开发出强大的应用程序。

注意，Kafka Broker 和客户端的版本并不总是匹配的。假设 Broker 的版本是 0.10.0，Java 生产者客户端的版本是 0.10.2，尽管二者的版本不一致，但是 Broker 仍然会处理好不同版本的消息格式。然而，可以这么做并不代表在所有情况下都应该这么做。要深入了解双向版本兼容性的更多内容，请参考 KIP-97。

我们通过将数据导入 Kafka 中，跨过了一个重要的障碍。现在，我们已经进一步深入 Kafka 生态系统，但在完成我们的端到端解决方案之前，还需要了解其他的一些概念。下一个问题是我们如何拉取数据，让其他应用程序能够使用它们。我们现在有了一些关于如何将数据存入 Kafka 的想法，接下来是时候了解更多关于如何通过正确的方式将数据拉取出来供其他应用程序使用的知识了。消费者客户端是这一处理过程的重要组成部分。与生产者一样，消费者也有各种配置属性，我们可以通过它们满足不同的消费需求。

## 总结

- 生产者客户端为开发者提供了一种将数据导入 Kafka 的方法。
- 我们可以在不编写自定义代码逻辑的情况下使用大量的配置参数来控制客户端的行为。
- 数据存储在 Broker 的分区中。
- 客户端可以通过实现 Partitioner 接口按照自己的逻辑控制将数据写入哪个分区。
- Kafka 通常将数据视为字节数组，我们可以使用自定义序列化器处理特定的数据格式。

# 第 5 章　消费者——解锁数据

**本章内容：**

■　探索消费者的工作原理；

■　用消费者组从主题读取数据；

■　了解偏移量以及如何使用它；

■　了解影响消费者行为的各种配置参数。

在第 4 章中，我们学习了如何向 Kafka 写入数据，但这只是整个故事的一部分。消费者从 Kafka 获取数据，并将它们提供给其他系统或应用程序。消费者是存在于 Broker 之外的客户端，所以与生产者客户端一样，我们可以用各种编程语言编写消费者客户端。在本章中，我们将尝试使用 Kafka 的默认 Java 消费者客户端。在阅读完本章后，我们就会知道如何通过多种读取数据的方式解决之前的业务问题。

## 5.1　一个示例

消费者客户端会订阅它们感兴趣的主题（参见 S. Kozlovski 的文章“Apache Kafka Data Access Semantics: Consumers and Membership”）。与生产者客户端一样，消费者进程可以运行在不同的机器上，并不一定要运行在特定的服务器上。事实上，生产环境中的大多数消费者客户端运行在不同的主机上。只要客户端可以连接到 Kafka Broker，它们就可以读取数据。图 5.1 再次描绘了 Kafka 的整体视图，其中就包括运行在 Broker 之外的消费者从 Kafka 读取数据。

消费者主动订阅主题并拉取消息，而不是被动等待接收消息。在这种情况下，处理数据的控制权转移到了消费者身上。图 5.1 描绘了消费者客户端在整个 Kafka 生态系统中的位置。客户端从主题读取数据并将其提供给应用程序（如指标仪表盘或分析引擎）或保存到其他系统中。消费的速度由消费者自己控制。

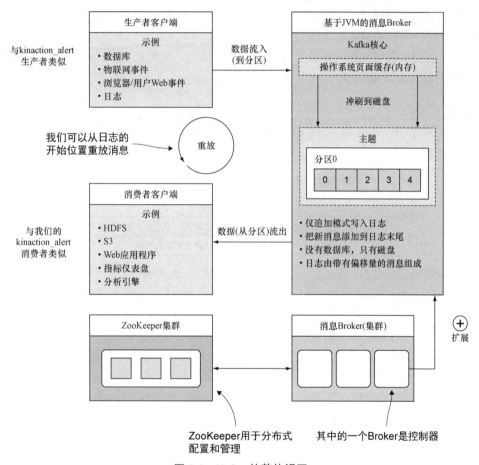

图 5.1　Kafka 的整体视图

即使发生了故障，消费者应用程序在重新上线后也能重新拉取消息。处理通知消息的消费者不一定要一直处于运行状态。你可以开发能够处理持续数据流的应用程序，甚至加入回压功能，但你需要知道的是，消费者不是 Broker 的监听器，它会主动从 Broker 拉取数据。那些之前使用过 Kafka 的读者可能知道为什么不希望消费者长时间处于停机状态。随着深入了解与主题相关的细节，我们将看到 Kafka 中的数据是如何按照用户指定的大小或时间限制删除的。

## 5.1.1　消费者的配置属性

你可能会发现，消费者的一些配置属性与生产者客户端的是相关的。客户端在启动时始终需要知道要连接到哪些 Broker，不一样的是我们要确保消息的键和值的反序列化器与用于生成消息的序列化器是相匹配的。例如，如果你使用 StringSerializer 生成消息，但试图使用 LongDeSerializer 消费消息，就会得到一个异常。

表 5.1 列出了我们在编写消费者代码时应该知道的一些配置属性（参见 Confluent 文档"Consumer Configurations"）。

表 5.1　配置属性

| 配　置　属　性 | 说　　明 |
| --- | --- |
| bootstrap.servers | 在启动时需要连接一个或多个 Kafka Broker |
| value.deserializer | 用于反序列化值的类 |
| key.deserializer | 用于反序列化键的类 |
| group.id | 消费者组的 ID |
| client.id | 用于标识用户的 ID（我们将在第 10 章中用到它） |
| heartbeat.interval.ms | 消费者与组协调器的心跳间隔 |

在编写消费者代码时，我们不仅可以使用 Java 类 ConsumerConfig 提供的常量，还可以参考 Confluent Documentation 网站上的具有"高"重要性的配置属性。为了便于说明，我们将在示例中直接使用属性的名字。代码清单 5.1 列出了其中的 4 个属性。表 5.1 中的配置属性的值决定了消费者如何与 Broker 和其他消费者发生交互。

现在，就像在第 2 章中所做的那样，我们将用一个消费者从主题读取数据。这个示例中的应用程序与 LinkedIn 最初的 Kafka 应用程序类似，负责处理用户活动事件（参见 N. Narkhede 的文章"Apache Kafka Hits 1.1 Trillion Messages Per Day-Joins the 4 Comma Club"）。假设我们有一个特定的公式，它基于用户在页面上停留的时间和互动次数（这些数据作为消息发送到 Kafka 主题）预测未来新活动的点击率。假设我们将使用消费者处理主题中的消息，并且公式也没有问题（在本例中将其乘一个幻数）。

在代码清单 5.1 中，我们读取 kinaction_promos 主题的消息，并输出消息的值。这个代码清单与我们在第 4 章中编写的生产者代码有许多相似之处，我们用属性来指定消费者的行为。不同的是，生产者使用序列化器，而这里使用反序列化器反序列化消息的键和值，具体使用哪一种反序列化器取决于我们要消费的主题。

注意：代码清单 5.1 并不是一个完整的清单，它只列出了与消费者相关的部分。需要注意的是，消费者可以订阅多个主题，但在本例中，我们只对 kinaction_promos 主题感兴趣。

在代码清单 5.1 中，我们使用循环轮询分配给消费者的分区。这个循环以一个布尔值作为开关。这种循环容易发生错误，特别是对于初级程序员来说！那么为什么我们需要这个循环呢？将事件视为持续的流是流式处理思想的一部分，这也反映在代码逻辑中。注意，这里使用250ms 作为轮询时间间隔。这个时间间隔是应用程序主线程发生阻塞的时间，但一旦获取到记录，它会立即返回（参见 Apache Software Foundation 网站上的"Kafka 2.7.0 API: Class KafkaConsumer<K,V>"）。你可以根据应用程序的需求对这个时间进行微调。这里使用了 Java 8 风格的 addShutdownHook，更多细节请参见 Confluent Documentation 网站。

**代码清单 5.1 活动事件消费者**

```
...
  private volatile boolean keepConsuming = true;

  public static void main(String[] args) {
    Properties kaProperties = new Properties();
    kaProperties.put("bootstrap.servers",
            "localhost:9092,localhost:9093,,localhost:9094");
    kaProperties.put("group.id",                           定义 group.id(我们将在
            "kinaction_webconsumer");                      讨论消费者组时介绍这
    kaProperties.put("enable.auto.commit", "true");        个属性)
    kaProperties.put("auto.commit.interval.ms", "1000");
    kaProperties.put("key.deserializer",                   定义键和值的
"org.apache.kafka.common.serialization.StringDeserializer");  反序列化器
    kaProperties.put("value.deserializer",
"org.apache.kafka.common.serialization.StringDeserializer");
    WebClickConsumer webClickConsumer = new WebClickConsumer();
    webClickConsumer.consume(kaProperties);

    Runtime.getRuntime()
      .addShutdownHook(
        new Thread(webClickConsumer::shutdown)
      );
  }

  private void consume(Properties kaProperties) {
    try (KafkaConsumer<String, String> consumer =       将配置属性传给 KafkaConsumer
      new KafkaConsumer<>(kaProperties)) {               构造函数
      consumer.subscribe(
        List.of("kinaction_promos")      订阅 kinaction_promos
      );                                 主题

      while (keepConsuming) {                            使用循环轮询主
        ConsumerRecords<String, String> records =       题中的消息
          consumer.poll(Duration.ofMillis(250));
        for (ConsumerRecord<String, String> record : records) {
          log.info("kinaction_info offset = {}, key = {}",
                  record.offset(),
                  record.key());
          log.info("kinaction_info value = {}",
            Double.parseDouble(record.value()) * 1.543);
        }
```

```
        }
      }
    }

    private void shutdown() {
      keepConsuming = false;
    }
  }
```

在为主题的每一条消息生成值之后，我们发现计算公式不对！那么现在该怎么办？重新计算从结果中得到的数据，然后应用新公式？

这个时候，我们可以使用 Kafka 消费者重放已经处理过的消息。因为保留了原始数据，所以我们不需要重建原始数据。我们可以纠正人为的错误、应用程序逻辑错误，甚至是应用程序本身的错误，因为数据被读取后并不会从主题中删除。在某种程度上，这也解释了为什么我们可以用 Kafka 实现基于时间的数据处理。

现在，我们看看如何关闭消费者。你已经知道如何使用 Ctrl+C 快捷键结束进程或停止终端上的进程。当然，我们也可以调用消费者的 close()方法。

在代码清单 5.2 中，一个消费者运行在一个线程中，另一个类控制是否关闭消费者。在执行这些代码时，一个线程运行一个消费者实例，另一个类调用 shutdown()方法翻转变量 stopping 的布尔值，让消费者停止轮询。stopping 变量就是守卫，它决定了是否继续处理数据。调用 wakeup()方法会抛出 WakeupException 异常，进而导致 finally 代码块将消费者关闭（参见 Apache Software Foundation 网站上的 "Kafka 2.7.0 API: Class WakeupException"）。代码清单 5.2 参考了 Apache Kafka 网站上的内容。

**代码清单 5.2 关闭消费者**

```
public class KinactionStopConsumer implements Runnable {
    private final KafkaConsumer<String, String> consumer;
    private final AtomicBoolean stopping =
                            new AtomicBoolean(false);
    ...

    public KinactionStopConsumer(KafkaConsumer<String, String> consumer) {
      this.consumer = consumer;
    }

    public void run() {
      try {
          consumer.subscribe(List.of("kinaction_promos"));
          while (!stopping.get()) {          ◁── stopping 变量决定是
              ConsumerRecords<String, String> records =    否继续处理数据
                consumer.poll(Duration.ofMillis(250));
              ...
          }
      } catch (WakeupException e) {          ◁── shutdown 钩子会触发
          if (!stopping.get()) throw e;          WakeupException 异常
      } finally {
```

```
        consumer.close();          ◁─  关闭消费者并
    }                                  通知 Broker
}

public void shutdown() {       ◁─  在另一个线程中调用
    stopping.set(true);            shutdown()关闭消费者
    consumer.wakeup();
}
}
```

在开始进入下一个主题之前，我们需要了解什么是偏移量以及如何用它控制消费者读取数据的方式。

## 5.1.2　理解偏移量

到目前为止，我们只顺便提到过偏移量的概念。偏移量是消费者发送给 Broker 的日志索引位置，让 Broker 知道消费者想要读取哪些消息以及从哪里开始读取。在控制台消费者的例子中，我们使用了--from-beginning 标记，这会将消费者的配置参数 auto.offset.reset 设置为 earliest。有了这个配置，你就可以读取主题里所有的记录，即使有些记录是在启动控制台消费者之前发送的。图 5.2 的上半部分描绘了消费者在这种模式下每次都会从日志的开始位置读取数据。

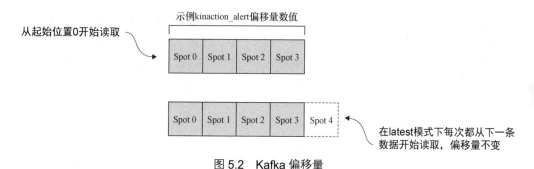

图 5.2　Kafka 偏移量

如果不设置 auto.offset.reset 选项，其默认值为 latest。图 5.2 也描绘了这种模式。在这种情况下，你将看不到生产者之前发送的任何消息，除非消息是在消费者启动之后发送的。这个选项用于忽略主题中已有的消息，只处理在消费者客户端开始轮询主题后生成的消息。你可以把分区想象成一个索引从 0 开始的无限数组，只是索引不能更新，任何变更都需要添加到分区的末尾。

分区的偏移量总是递增的。即使分区的偏移量是 0，并且消息稍后会移除，也不会再使用这个偏移量。有人可能遇到过这样的问题：一个数字不断增加，直到达到这个数字类型的上限。但在 Kafka 中，每个分区都有自己的偏移量，所以发生这种情况的可能性非常小。

对于已经写入主题的消息，我们根据什么查找它们？首先，我们会找到写入消息的分区，然后找到基于索引的偏移量。如图 5.3 所示，消费者通常从分区首领那里读取数据。消费者的分区首领副本与生产者的分区首领副本可能不是同一个，因为首领会随着时间的推移发生变化，但它们在概念方面是相似的。

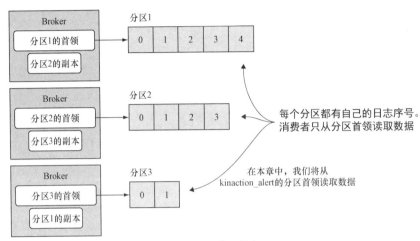

图 5.3　分区首领

不同的分区可以有相同的偏移量，所以我们需要使用分区信息和偏移量区分不同的消息。

附带说明一下，如果因网络延迟等问题（例如，集群跨越了多个数据中心）需要从跟随者副本那里获取数据该怎么办？ Kafka 2.4.0 就引入了这个特性（参见 Apache Software Foundation 网站上的 "KIP-392: Allow Consumers to Fetch from Closest Replica"）。在开始使用你的第一个集群时，我们建议保持默认行为不变，只在必要时才使用这个新特性。如果集群没有跨越不同的物理数据中心，可能就不需要这个特性。

分区对处理消息的方式有着重要的影响。主题只是一种逻辑上的名称，消费者实际上是从分配给它们的分区首领副本那里读取数据的。那么消费者是如何知道要连接到哪个分区的？除需要知道是哪个分区之外，还需要知道这个分区首领在哪里。对于每一个消费者组，都有一个特定的 Broker 充当组协调器的角色（参见 J. Gustafson 的文章 "Introducing the Kafka Consumer: Getting Started with the New Apache Kafka 0.9 Consumer Client"）。消费者客户端与协调器通信，获取分区分配信息和其他消费者需要知道的细节。

在谈到读取消息时，分区数量也是一个很重要的方面。当消费者数量比分区数量大时，一些消费者将分配不到任务。例如，假设我们有 4 个消费者和 3 个分区，就有一个消费者分配不到分区。不过，这种情况是可接受的。为什么？因为在某些情况下你可能希望在某个消费者意外关闭时仍能保持差不多的消费速度。组协调器不仅负责在消费者组启动时为消费者分配分区，还负责在添加消费者或消费者退出时重新分配分区。另外，当分区数量比消费者数量大时，如果有必要，一个消费者可以处理多个分区。

　　图 5.4 描绘了 4 个消费者，它们从 Broker 中读取数据，主题的分区均匀地分布在 3 个 Broker 上，每个 Broker 上都有一个分区首领副本。在这张图中，消息的数量大致相同，但在实际项目中可能并不总是这样的。图 5.4 中有一个消费者没有分配到任务，因为每个分区首领副本只能由一个消费者处理。

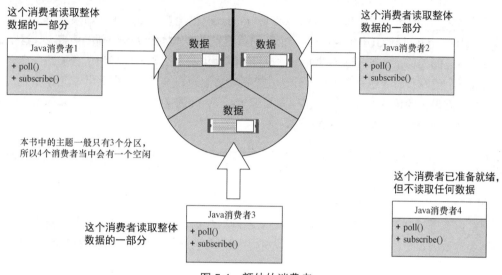

图 5.4　额外的消费者

　　因为分区的数量决定了消费者的并行数量，所以有些人可能会问："为什么不选择一个很大的分区数量，比如 500？"这种对高吞吐量的追求是需要付出代价的（参见饶军的文章"How to Choose the Number of Topics/Partitions in a Kafka Cluster?"），所以最好还是选择与你的数据流最匹配的分区数量。

　　一个关键的考量因素是，太多的分区可能会增加端到端延迟。如果应用程序对毫秒级的延迟都很敏感，可能就无法等待 Broker 之间完成分区复制。分区复制是保持副本同步的关键，并且需要在消息对消费者可用之前完成复制。你还需要监控消费者的内存使用情况。如果分区和消费者不是一对一的，那么消费者对内存的需求可能会随着分配到更多的分区而增加。

　　如果你看过 Kafka 的旧文档，可能会注意到一些与 ZooKeeper 有关的消费者客户端配置属性。除非你使用的是旧消费者客户端，否则消费者不会直接依赖 ZooKeeper。消费者曾经使用 ZooKeeper 来保存消息偏移量，但现在的偏移量通常保存在 Kafka 的内部主题中。附带说明一下，消费者客户端不一定非要将偏移量保存在这两个位置中的任何一个中。如果你想要自己管理偏移量，也可以将它们保存在本地文件中，或者保存在 AWS 等云供应商的云存储或数据库中。避开 ZooKeeper 的一个好处是减少客户端对 ZooKeeper 的依赖。

## 5.2　消费者之间的交互

为什么消费者组的概念很重要？最主要的原因可能是向消费者组中添加消费者或从消费者组中移除消费者会影响可伸缩性。不属于同一组的消费者不共享同一个偏移量信息。

代码清单 5.3 展示了一个叫作 kinaction_team0group 的消费者组示例。如果你用一个新的 group.id（如一个随机的 GUID）创建了一个新的消费者组，你将启动一个新的消费者，这个消费者没有对应的偏移量，并且新创建的组中也没有其他消费者。如果你将消费者加到一个已有的组（或一个已经有对应偏移量的组）中，这个消费者就可以与其他消费者共享工作负载，甚至可以从之前停止的位置继续读取数据（参见 S. Kozlovski 的文章 "Apache Kafka Data Access Semantics: Consumers and Membership"）。

代码清单 5.3　为消费者配置组 ID

```
Properties kaProperties = new Properties();
kaProperties.put("group.id", "kinaction_team0group");   ←── group.id 决定了消费者之
                                                             间的行为
```

通常情况下，会有许多消费者从同一个主题读取数据。决定是否需要使用不同组 ID 的一个重要考量因素是消费者处理的是整个应用程序逻辑的一部分还是单独的逻辑。为什么这很重要？

我们看一下人力资源系统数据的两个应用场景。一个团队想知道特定州的招聘人数，而另一个团队对影响面试差旅预算的数据更感兴趣。第一个团队是否会关心第二个团队想要做什么或者它们当中有只想读取部分消息的吗？应该不会！那么我们怎样才能保持这种隔离性？答案是为每一个应用程序分配不同的 group.id。具有相同 group.id 的消费者将作为同一个逻辑应用程序共同读取主题的分区。

## 5.3　跟踪偏移量

到目前为止，对于消费模式，我们还没有过多地讨论如何保存每个客户端已读取的消息的记录。我们先简要地讨论一下其他消息系统是如何处理消息的。在一些消息系统中，消费者不记录它们已读取的内容。它们读取消息，在得到确认后消息就被移出队列。如果一条消息只需要由一个应用程序处理，这么做就没什么问题。但是，有些系统通过主题将消息发布给所有的订阅者，未来的订阅者会完全错过这些消息，因为在事件发生时它们不在接收者清单中。

图 5.5 不仅描绘了在非 Kafka 消息 Broker 中消息在读取后会被删除的场景，还描绘了第二种模式，即从原始队列复制消息到其他队列。在消息不能被多个消费者读取的系统中，要想让每个独立的应用程序都获得一个消息副本，就需要使用这种方法。

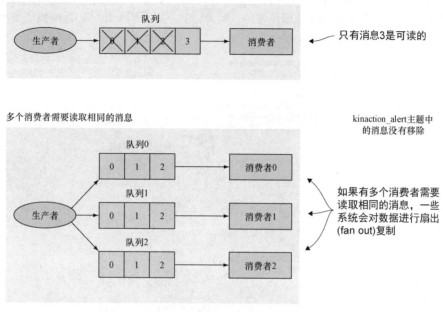

图 5.5　其他 Broker 的场景

你可以想象一下，当事件成为非常受欢迎的信息来源时，副本的数量会急剧增加。Kafka 不需要复制整个队列（除用于复制或故障转移的副本之外），同一个分区首领副本可以为多个应用程序提供服务。

正如第 1 章提到的，Kafka 可以同时为多个消费者提供服务。即使在向主题写入消息时没有运行中的消费者，只要 Kafka 在日志中保留了这些消息，后来启动的消费者也可以继续处理它们。由于消息不会因为被其他消费者读取而删除，因此消费者客户端需要一种方式来保存它们已读取的消息的位置。此外，因为有许多应用程序同时读取相同的主题，所以每一个消费者组应该有自己特定的偏移量和分区。组 ID、主题和分区号是协调消费者客户端协作的关键信息。

## 5.3.1　组协调器

之前已经提到过，组协调器与客户端协作，将消费者组已读取的消息的位置记录下来（参见 J. Gustafson 的文章 "Introducing the Kafka Consumer: Getting Started with the New Apache Kafka 0.9 Consumer Client"）。分区的主题和组 ID 都有一个相对应的偏移量。

从图 5.6 中可以看到，我们可以根据已提交的偏移量找出从哪里开始读取下一条消息。例如，在图 5.6 中，kinaction_teamoffka0 消费者组中的一个消费者分配到了分区 0，它接下来将从偏移量 3 开始读取消息。

图 5.7 描绘了这样一种场景：两个不同的消费者组 kinaction_teamoffka0 和 kinaction_teamsetka1

要读取的分区分别位于 3 个 Broker 上。每个消费者组中的消费者将从每个 Broker 的分区获得自己的数据副本。它们不是协同处理任务的，因为它们不属于同一组。正确的组成员关系对于管理好每组的元数据来说至关重要。

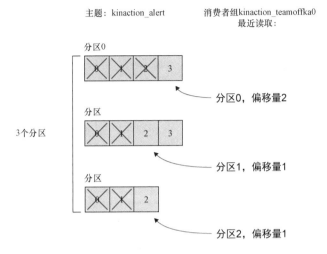

图 5.6　偏移量定位

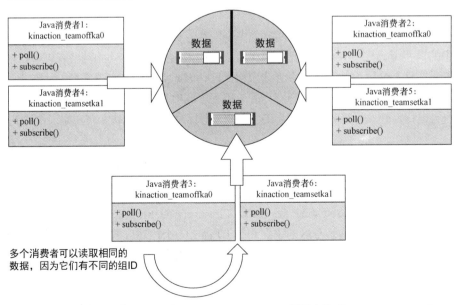

图 5.7　属于不同组的消费者（参见 Apache Software Foundation 网站上的"Documentation: Consumers"）

按照一般规则，每个消费者组中只能有一个消费者可以读取同一个分区。换句话说，虽然一个分区可能被多个消费者读取，但是每次只能由一个消费者组中的一个消费者读取。在图 5.8 中，第一个消费者读取了两个分区首领副本，而第二个消费者只读取第三个分区首领副本。同一个分区副本不能在具有相同组 ID 的多个消费者之间分割或共享。

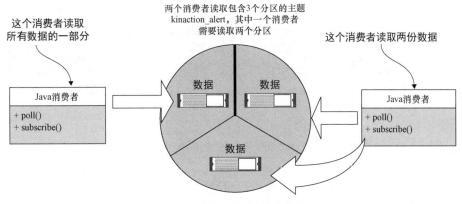

图 5.8　属于同一组的消费者

当一个消费者组中的某个消费者关闭时，它正在读取的分区将重新分配，存活下来的消费者将接手这些分区。

表 5.1 中的 heartbeat.interval.ms 属性表示消费者向组协调器发送心跳的时间间隔（参见 Confluent 文档 "Consumer Configurations: heartbeat.interval.ms"）。这个心跳是消费者与组协调器之间的一种通信方式，组协调器通过心跳知道消费者仍在努力地读取消息。

有几种情况（例如，终止进程或致命异常导致消费者客户端被关闭）会导致消费者客户端在一段时间内无法发送心跳。如果客户端没有运行，它就无法将心跳发送给组协调器。

## 5.3.2　分区的分配策略

我们需要知道消费者是如何分配到分区的。这很重要，因为它将帮助你算出每个消费者需要处理多少个分区。partition.assignment.strategy 属性决定了哪些分区将分配给哪个消费者。这个属性的可配置值有 Range 和 RoundRobin，还有 Sticky 和 CooperativeSticky。

Range 策略用于将主题的分区（按照编号排序）按照消费者的数量进行分配。如果分配不均匀，第一个消费者（按照字母顺序）将获得剩余的分区。所以请确保消费者有能力处理分配给它们的分区，如果一些消费者客户端不堪重负，而其他客户端游刃有余，就需要考虑更换分配策略。图 5.9 描绘了 3 个客户端分配 7 个分区的场景，其中一个客户端最后分配到了更多的分区。

RoundRobin 策略用于逐个给消费者均匀地分配分区（参见 S. Kozlovski 的文章 "Apache Kafka Data Access Semantics: Consumers and Membership"）。图 5.9 描绘了一个示例，3 个客户端属于同一个消费者组，并使用 RoundRobin 策略为一个由 7 个分区组成的主题分配分区（参见 A. Li 的文章 "What I Have Learned from Kafka Partition Assignment Strategy"）。第一个消费者获得第一个分区，第二个消费者获得第二个分区，以此类推，直到分区被分完。

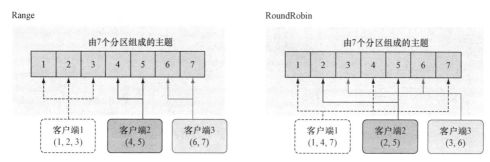

图 5.9　分配分区

Sticky 策略是在 0.11.0 版本引入的(参见 Apache Software Foundation 网站上的"Release Plan 0.11.0.0")。不过，由于我们将在本书的大多数示例中使用 Range 策略，而且已经了解了 RoundRobin 策略，因此我们不打算再深入介绍 Sticky 和 CooperativeSticky 策略。

## 5.4　提交偏移量

你需要考虑的是应用程序是否需要读取主题的所有消息。漏掉一些消息是可接受的吗？或者你需要对读取的每一条消息都进行确认吗？这些问题的答案取决于你的需求和你愿意做出的权衡。为了更安全地读取每一条信息，你愿意牺牲一些速度吗？本节将讨论与这些决策相关的话题。

一种做法是将 enable.auto.commit 设置为 true，这也是消费者客户端的默认行为（参见 Confluent 文档 "Consumer Configurations: enable.auto.commit"）。客户端会自动提交偏移量。这么做的一个好处是我们不需要调用额外的方法来提交偏移量。

如果消费者客户端关闭，没有自动对已读取的消息进行确认，那么 Broker 会重新发送这些消息。我们可能会遇到哪些问题呢？假设我们用一个单独的线程处理轮询到的消息，即使这些消息没有处理完毕，自动提交的偏移量也将被标记为已读取。如果在处理过程中出现了需要重试的情况该怎么办？在下一次轮询中，我们将收到已提交偏移量之后的下一批偏移量（参见 J. Gustafson 的文章 "Introducing the Kafka Consumer: Getting Started with the New Apache Kafka 0.9 Consumer Client"），这样就很可能漏掉消息，因为它们还没有被消费者处理，尽管看起来已经消费了。

如果你看一下提交的偏移量，你会发现自动提交的时机可能并不完美。如果你没有用指定的偏移量元数据调用提交偏移量的方法，那么因为轮询时间、计时器超时或线程逻辑等问题，可能会出现一些难以捉摸的行为。如果你想要确保在处理消息的特定时间或特定位置提交偏移量，就需要用指定的偏移量元数据调用提交偏移量的方法。

我们需要将 enable.auto.commit 设置为 false，然后就可以在代码中提交偏移量。这种方法可以在应用程序处理消息的同时实现对偏移量最大限度的控制。这种模式可以实现至少一次传递保证。

我们看一个示例。在这个示例中，每处理一条消息都会在 Hadoop 的特定位置创建一个文件。假设你轮询到了偏移量为 999 的消息，在处理过程中，消费者因发生错误而停止。因为偏移量 999 没有提交，所以当下一次同一个消费者组中的其他消费者开始从这个分区读取消息时，它将再次读取到偏移量为 999 的消息。因为两次接收到同一条消息，所以客户端能够在不丢失消息的情况下完成任务。但反过来讲，因为两次接收到了同一条消息，如果处理是有效的，并且写入是成功的，就可能创建了重复的文件。

现在，我们看一下那些用来控制偏移量的代码。与之前使用生产者发送消息一样，我们也可以通过同步或异步的方式提交偏移量。代码清单 5.4 给出了一个同步提交的示例。注意，commitSync()会阻塞代码中的其他进程，直到提交成功或失败（参见 Confluent 文档 "Synchronous Commits"）。

---

代码清单 5.4  同步提交

```
consumer.commitSync();                    ◁———  commitSync()方法将等
#// 这里的代码将等待上一行代码执行完毕          待提交成功或失败
```

与生产者一样，我们也可以使用回调。在代码清单 5.5 中，我们使用 Lambda 表达式实现了 OffsetCommitCallback 接口（onComplete()方法），并以它作为回调进行异步提交。即使不需要等待就可以继续执行下一行代码，这个实例也可以将提交偏移量的结果记录下来。

---

代码清单 5.5  用回调进行异步提交

```
public static void commitOffset(long offset,
                                int partition,
                                String topic,
                                KafkaConsumer<String, String> consumer) {
    OffsetAndMetadata offsetMeta = new OffsetAndMetadata(++offset, "");

    Map<TopicPartition, OffsetAndMetadata> kaOffsetMap = new HashMap<>();
    kaOffsetMap.put(new TopicPartition(topic, partition), offsetMeta);
```

```
consumer.commitAsync(kaOffsetMap, (map, e) -> {      ◁──  Lambda 表达式实际上创建了一
  if (e != null) {                                         个 OffsetCommitCallback 实例
    for (TopicPartition key : map.keySet()) {
      log.info("kinaction_error: offset {}", map.get(key).offset());
    }
  } else {
    for (TopicPartition key : map.keySet()) {
      log.info("kinaction_info: offset {}", map.get(key).offset());
    }
  }
});
}
```

回想一下第 4 章，这与我们使用回调确认异步发送结果的方式类似。要创建自己的回调，你需要实现 OffsetCommitCallback 接口。你可以在 onComplete()方法中处理异常或成功的提交结果。

为什么要选择同步或异步提交模式？如果你等待阻塞调用，就会出现更高的延迟。但如果你对数据一致性有更高的需求，那么延迟可能就是值得的。这些决策决定了你在告诉 Kafka 已经处理了哪些消息时需要的控制力度。

## 5.5　从压实的主题中读取数据

注意，消费者可能从一个压实的主题中读取数据。Kafka 通过后台进程对分区日志进行压实（compact），具有相同键的记录将会删除，只保留最后一条。第 7 章将进一步讨论压实主题，现在只需要知道具有相同键的记录会更新就可以了。如果你不需要消息的历史记录，只需要保留最后一个值，那么你可能很想知道只将记录添加到末尾的不可变日志是如何实现压实的。当消费者从压实的主题中读取记录时，仍然会收到具有相同键的多条记录（参见 Confluent 文档 "Kafka Design"）。这怎么可能？这是因为压实针对的是磁盘上的日志文件，在压实时可能看不到存放于内存中的消息。

客户端需要处理多条消息对应同一个键的情况。我们要有处理重复键的逻辑，如果有必要，可以只保留最后一个值，其他的全部忽略。Kafka 也在内部使用了压实主题__consumer_offsets，这个主题与消费者的偏移量有关（参见 Confluent 文档 "Kafka Consumers"）。之所以在这里使用压实主题，是因为消费者组、分区和主题对应的偏移量只需要保留最新的值。

## 5.6　工厂示例的消费者代码

接下来，我们试着用我们学到的关于消费者工作原理的知识，从消费者客户端的角度看看如何实现在第 3 章中为电动自行车工厂设计的解决方案。第 3 章提到，我们想要确保操作员执行完传感器命令后不丢失任何审计消息。首先，我们看看在读取偏移量时有哪些配置选项。

### 5.6.1　偏移量的配置选项

在 Kafka 中，虽然我们不能通过键查找消息，但是可以查找特定的偏移量。因为消息日志是一个不断增长的数组，每一条消息都有一个索引，所以我们有几种查找选项，包括从头开始、从末尾开始和根据特定的时间查找偏移量。我们逐一看看这些选项。

我们可能希望从主题的开头位置开始读取数据，即使之前已经这么做过。这样做可能是因为处理逻辑出现了错误，或者我们想要重放整个日志，或者数据管道出了故障。想要实现这种行为，需要将 auto.offset.reset 设置为 earliest（参见 Confluent 文档 "Consumer Configurations: auto.offset.reset"）。另外一种方法是使用不同的消费者组 ID 重新执行一次处理逻辑。实际上，在这种情况下，Kafka 内部的偏移量主题无法找到相应的偏移量，只能从第一个索引开始，因为偏移量主题中没有任何关于新消费者组的元数据。

在代码清单 5.6 中，我们通过将属性 auto.offset.reset 设置为 earliest 查找特定的偏移量。我们也可以将消费者组 ID 设置成一个随机 UUID，这样就可以重新开始读取数据。这相当于进行了重置，然后我们可以用不同的代码逻辑处理 kinaction_alerttrend 主题中的数据，从而判断数据的趋势。

代码清单 5.6　最早的偏移量

```
Properties kaProperties = new Properties();
kaProperties.put("group.id",
                 UUID.randomUUID().toString());      ◁   设置随机的消费者组 ID，新消费者
                                                         组在 Kafka 中没有对应的偏移量
kaProperties.put("auto.offset.reset", "earliest");   ◁   将 auto.offset.reset 重置
                                                         为 earliest
```

有时候，你可能只想从消费者启动时的位置开始处理消息，并忽略掉之前的消息。也许因为这些数据已经旧了，失去了业务价值。在代码清单 5.7 中，我们设置了相应的属性，以便从最新的偏移量位置开始读取消息。如果你想要确保不存在历史偏移量，并且默认从最新的偏移量位置开始读取，也不一定非要使用 UUID（除非为了测试）。如果我们只对 kinaction_alert 主题中的新警报感兴趣，那么这种方式可以让消费者只看到新的警报。

代码清单 5.7　最新的偏移量

```
Properties kaProperties = new Properties();
kaProperties.put("group.id",
                 UUID.randomUUID().toString());      ◁   设置随机的消费者组 ID，新消费者
                                                         组在 Kafka 中没有对应的偏移量
kaProperties.put("auto.offset.reset", "latest");     ◁   将 auto.offset.reset
                                                         重置为 latest
```

另一种搜索偏移量的方法是调用 offsetsForTimes()。你可以将包含主题分区和时间戳的 Map 作为参数传给它，它会返回包含给定主题分区的偏移量和时间戳的 Map（参见 Apache Software

Foundation 网站上的"Kafka 2.7.0 API：Offsets for Times"）。在逻辑偏移量未知但时间戳已知的情况下，这种方法可能很有用。例如，如果已知一个与记录的事件相关的异常，你就可以找到消费者在指定的时间戳附近读取过的数据。对于 kinaction_audit 主题，我们也可以根据时间定位审计事件，从而找到正在执行的命令。

在代码清单 5.8 中，我们通过指定时间戳找到每个主题或分区的偏移量和时间戳。在调用 offsetsForTimes() 方法获得元数据 Map 之后，我们直接通过返回的偏移量定位感兴趣的位置。

**代码清单 5.8　用时间戳查找偏移量**

```
...
Map<TopicPartition, OffsetAndTimestamp> kaOffsetMap =
consumer.offsetsForTimes(timeStampMapper);    ◁── 找到第一个大于或等于 timeStampMapper
...                                                  指定的偏移量
// 我们需要使用获取的 Map
consumer.seek(partitionOne,
  kaOffsetMap.get(partitionOne).offset());    ◁── 定位到 kaOffsetMap 指定
                                                   的第一个偏移量位置
```

注意，返回的偏移量是第一条满足条件的消息的偏移量。但是，由于生产者在出现故障时会进行重试，再加上（消费者）在添加时间戳时可能出现的各种情况，因此时间戳可能会出现混乱。

Kafka 还提供了查找其他偏移量的功能，具体可以参考消费者的 JavaDoc（参见 Apache Software Foundation 网站上的"Kafka 2.7.0 API：seek"）。接下来，我们看一看如何将这些选项应用在具体场景中。

## 5.6.2　满足设计需求

在审计示例中，我们不需要对个体事件进行关联（或组合）。也就是说，我们不需要考虑事件的顺序，也不需要从特定的分区读取，消费者可以读取任意的分区。同时，我们要确保不丢失消息。要确保每一个审计事件都应用了处理逻辑，一种安全的方法是在处理完一条消息后就提交相应的偏移量。要在代码中提交偏移量，我们需要将 enable.auto.commit 设置为 false。

在代码清单 5.9 中，我们每处理完一条消息就同步提交一次偏移量。把下一个偏移量与偏移量对应的主题和分区的详细信息提交给 Kafka。这里需要注意的一个"问题"是，对当前偏移量执行加 1 的操作看起来有点奇怪，但你要知道，发送给 Broker 的偏移量其实是未来要读取的偏移量。我们调用 commitSync() 方法，并将包含偏移量的 Map 传给它（参见 Confluent 文档 "Synchronous Commits"）。

**代码清单 5.9　审计消费者的代码逻辑**

```
...
kaProperties.put("enable.auto.commit", "false");    ◁── 不允许自动提交

try (KafkaConsumer<String, String> consumer =
```

```
new KafkaConsumer<>(kaProperties)) {

 consumer.subscribe(List.of("kinaction_audit"));

 while (keepConsuming) {
   var records = consumer.poll(Duration.ofMillis(250));
   for (ConsumerRecord<String, String> record : records) {
     // 审计记录处理 ...
     OffsetAndMetadata offsetMeta =                  将当前偏移量加 1，用于确定
       new OffsetAndMetadata(++record.offset(), "");   下一个要读取的偏移量

     Map<TopicPartition, OffsetAndMetadata> kaOffsetMap =
       new HashMap<>();
     kaOffsetMap.put(                                   可以将主题和分区与
       new TopicPartition("kinaction_audit",           偏移量关联起来
                          record.partition()), offsetMeta);

     consumer.commitSync(kaOffsetMap);                 提交偏移量
   }
  }
 }
...
```

电动自行车工厂的一个需求是捕获警报状态，并监控警报的变化趋势。虽然我们知道记录是有 stageId 键的，但是我们没有必要对事件进行分组，也不需要担心顺序问题。在代码清单 5.10 中，我们设置了 key.deserializer 属性，这样消费者就知道如何处理保存在 Kafka 中的二进制数据。在本例中，AlertKeySerde 用于反序列化消息的键。在这个场景中，消息丢失并不是一个大问题，所以我们允许自动提交偏移量。

**代码清单 5.10   警报趋势事件消费者**

```
...                                              因为丢失消息不是个大问题，
kaProperties.put("enable.auto.commit", "true");  所以使用了自动提交
kaProperties.put("key.deserializer",
  AlertKeySerde.class.getName());                将 AlertKeySerde 作为键的反序列化器
kaProperties.put("value.deserializer",
  "org.apache.kafka.common.serialization.StringDeserializer");

KafkaConsumer<Alert, String> consumer =
  new KafkaConsumer<Alert, String>(kaProperties);
consumer.subscribe(List.of("kinaction_alerttrend"));

while (true) {
    ConsumerRecords<Alert, String> records =
    consumer.poll(Duration.ofMillis(250));
    for (ConsumerRecord<Alert, String> record : records) {
        // ...
    }
}
...
```

另一个需求是快速处理警报，以便让操作人员知道关键问题所在。因为第 4 章中的生产

者使用了一个自定义的分区器，所以我们直接将包含关键警报的分区分配给一个消费者，这样就可以快速对关键问题发出警报。因为不希望警报出现延迟，所以我们将异步提交每一个偏移量。

因为生产者使用了自定义分区器 AlertLevelPartitioner，所以消费者客户端可以分配到特定的主题和分区（在本例中是 kinaction_alert 主题和分区 0），这样就可以专注于处理关键警报。

我们通过 TopicPartition 对象告诉 Kafka 我们对某个主题的分区感兴趣。将 TopicPartition 对象作为参数传给 assign()方法等同于覆盖了组协调器的分区分配策略（参见 Apache Software Foundation 网站上的"Kafka 2.7.0 API：assign"）。

在代码清单 5.11 中，对于从轮询中返回的每一条记录，都使用回调进行异步提交偏移量。把下一个要读取的偏移量提交给 Broker，并且不阻塞消费者处理下一条记录。该代码清单中的配置选项似乎满足了第 3 章的核心设计需求。

**代码清单 5.11　警报消费者**

```
kaProperties.put("enable.auto.commit", "false");

KafkaConsumer<Alert, String> consumer =
  new KafkaConsumer<Alert, String>(kaProperties);
TopicPartition partitionZero =
  new TopicPartition("kinaction_alert", 0);          ← 用 TopicPartition 对象指定关键分区
consumer.assign(List.of(partitionZero));             ← 指定分区，而不让消费者订阅分区

while (true) {
    ConsumerRecords<Alert, String> records =
      consumer.poll(Duration.ofMillis(250));
    for (ConsumerRecord<Alert, String> record : records) {
        // ...
        commitOffset(record.offset(),
          record.partition(), topicName, consumer);   ← 异步提交每一条记录的偏移量
    }
}

...
public static void commitOffset(long offset,int part, String topic,
  KafkaConsumer<Alert, String> consumer) {
    OffsetAndMetadata offsetMeta = new OffsetAndMetadata(++offset, "");

    Map<TopicPartition, OffsetAndMetadata> kaOffsetMap =
      new HashMap<TopicPartition, OffsetAndMetadata>();
    kaOffsetMap.put(new TopicPartition(topic, part), offsetMeta);

    OffsetCommitCallback callback = new OffsetCommitCallback() {
    ...
    };
    consumer.commitAsync(kaOffsetMap, callback);      ← 使用 kaOffsetMap 和回调作为参数进行异步提交
}
```

总的来说，消费者是我们与 Kafka 发生交互的一个复杂部分。我们可以通过配置属性实现一些行为，也可以借助与主题、分区和偏移量相关的知识获取你需要的数据。

## 总结

- 消费者客户端为开发者提供了一种从 Kafka 获取数据的方式。与生产者客户端一样，消费者客户端也提供了大量的配置属性，我们可以直接设置这些属性，不需要通过自定义代码实现特定的行为。
- 多个客户端可以组合成一个消费者组来共同处理消息。通过分组，客户端可以实现并行处理。
- 偏移量表示记录在 Broker 提交日志中的位置。我们可以通过偏移量控制消费者从哪里开始读取数据。
- 偏移量可以是消费者之前已经读取过的，所以我们能够重放记录。
- 消费者可以通过同步或异步的方式读取数据。
- 如果采用了异步读取方式，消费者可以在收到消息后执行回调中的代码逻辑。

# 第 6 章 Broker

**本章内容：**
- Broker 的角色和职责；
- Broker 的一些配置选项；
- Broker 副本以及它们是如何保持同步的。

到目前为止，我们已经从分布式应用程序开发者的角度了解了 Kafka。然而，Kafka 本身就是一个值得关注的分布式系统。在本章中，我们将深入了解 Kafka Broker。

## 6.1 Broker 简介

到目前为止，我们一直关注 Kafka 的客户端。现在，我们的焦点将转移到 Kafka 生态系统的另一个重要组件——Broker。多个 Broker 一起组成了 Kafka 系统的核心。

在我们开始了解 Kafka 时，熟悉大数据概念或以前使用过 Hadoop 的人可能看到了熟悉的术语，如机架感知（知道服务器托管在哪个物理机架上）和分区。Kafka 也提供了机架感知特性，我们可以将分区的副本分布在不同的物理机架上。熟悉的术语让我们感到自在，因为我们可以在以前的工作和 Kafka 提供的特性之间找到许多相似之处。在搭建 Kafka 集群时，我们还需要注意另一个集群——ZooKeeper。本章的内容就从 ZooKeeper 开始。

## 6.2　ZooKeeper 的角色

ZooKeeper 是 Broker 的一个关键组件，也是运行 Kafka 的必要条件。因为在 Broker 启动之前 Kafka 必须存在，所以我们将从这里开始讨论。

> **注意：** 第 2 章提到，为了简化运行 Kafka 的需求，社区建议用 Kafka 自己的托管仲裁来替换 ZooKeeper（参见 "KIP-500: Replace ZooKeeper with a Self-Managed Metadata Quorum"）。因为这项工作在本书出版时尚未完成，所以我们仍然会在本书中使用 ZooKeeper。不过，Kafka 2.8.0 已经包含 Kafka 托管仲裁的早期访问版本。

因为 ZooKeeper 需要一个最小仲裁数来选举首领和做出决策，所以这个集群对于 Broker 来说确实很重要（参见 F. Junqueira 和 N. Narkhede 的文章 "Distributed Consensus Reloaded: Apache ZooKeeper and Replication in Apache Kafka"）。ZooKeeper 保存了 Kafka 集群的相关信息，如主题的元数据（参见 Apache Software Foundation 网站上的 "Kafka Data Structures in Zookeeper"）。ZooKeeper 帮助 Broker 完成协调分配和通知的工作（参见 C. McCabe 的 "Apache Kafka Needs No Keeper: Removing the Apache ZooKeeper Dependency"）。

因为与 Broker 存在这些交互，所以我们需要在启动 Broker 之前运行 ZooKeeper。ZooKeeper 集群的健康会影响 Kafka Broker 的健康。例如，如果 ZooKeeper 实例被破坏，主题的元数据和配置信息可能会丢失。

通常，我们不需要将 ZooKeeper 集群的详细信息（如 IP 地址和端口）提供给生产者和消费者客户端。一些遗留的框架可能提供了直接从客户端连接 ZooKeeper 集群的方法。Spring Cloud Stream 3.1.x 就提供了这种连接方式，我们可以通过设置 zkNodes 属性连接 ZooKeeper（参见 Spring 官方文档 "Apache Kafka Binder"）。这个属性的默认值为 localhost，在大多数情况下不要修改它，避免对 ZooKeeper 产生依赖。虽然 zkNodes 属性被标记为已弃用，但是你永远无法预料是否有旧代码还在使用它，因此还是小心为妙。为什么现在和将来都不需要使用这个属性？除 Kafka 并不一定始终需要 ZooKeeper 之外，让应用程序避免不必要的外部依赖也是有好处的。此外，如果我们为 Kafka 启用防火墙，并让客户端直接与 Kafka 通信，就可以少提供一些端口。

我们可以使用 Kafka 自带的工具 zookeeper-shell.sh（位于 Kafka 安装目录的 bin 文件夹中）连接到集群的 ZooKeeper，看看 Kafka 的相关信息是如何保存的（参见 Confluent 文档 "CLI Tools for Confluent Platform"）。我们可以通过查看 ZkData.scala 类找到 Kafka 在 ZooKeeper 上的路径（参见 GitHub 网站上的 "ZkData.scala"）。在这个 Scala 类文件中，你将找到/controller、/controller_epoch、/config 和/brokers 等路径。我们可以在/brokers/topics 路径下看到创建的主题，到现在为止，主题列表中应该至少有 kinaction_helloworld 这个主题。

注意：我们也可以使用另一个 Kafka 工具 kafka-topics.sh 查看主题列表，并获得相同的结果！代码清单 6.1 中的命令分别连接到 ZooKeeper 和 Kafka，它们使用不同的命令接口获取相同的数据。输出结果中应该包含在第 2 章中创建的 kinaction_helloworld 主题。

**代码清单 6.1　列出主题清单**

```
bin/zookeeper-shell.sh localhost:2181        连接本地的 ZooKeeper
ls /brokers/topics                           实例
                                             用 ls 命令列出所有
# 或者                                        主题
bin/kafka-topics.sh --list \
➥--bootstrap-server localhost:9094          用 kafka-topics.sh 脚本连接到
                                             ZooKeeper 并列出主题
```

即使在未来 Kafka 不再需要 ZooKeeper，我们也需要维护还没迁移的旧集群，所以在相当长的一段时间内还会在文档和参考资料中看到 ZooKeeper。总的来说，Kafka 在过去依赖 ZooKeeper 来执行一些任务，然后转变成通过 Kafka 集群内部的元数据节点处理它们，了解这些细节有助于我们了解整个系统的组件。

一个 Kafka Broker 既能与其他 Broker 协作，也能与 ZooKeeper 发生交互。在测试或进行概念验证（Proof of Concept，PoC）时，我们可能只需要一个 Broker 节点，但在生产环境中几乎始终会有多个 Broker。

现在，我们撇开 ZooKeeper 不说。图 6.1 描绘了集群中的 Broker 以及它们是如何存储 Kafka 日志数据的。为了让数据进出 Kafka，客户端会向 Broker 写入消息或从 Broker 读取消息（参见 Apache Software Foundation 网站上的"A Guide to the Kafka Protocol"）。

## 6.3　Broker 级别的配置选项

配置选项是 Kafka 客户端、主题和 Broker 的重要组成部分。如果你按照附录 A 中的步骤创建你的第一个 Broker，就会发现我们修改了 server.properties 文件，并将其作为命令行参数传给 Broker 的启动脚本。这是将特定的配置选项传给 Broker 实例的一种常用方法。例如，配置文件中的 log.dirs 属性应该设置为对你来说有意义的日志目录。

这个文件中也有与监听器、日志目录、日志保留策略、ZooKeeper 和组协调器相关的配置属性（参见 Confluent 文档"Kafka Broker Configurations"）。与生产者和消费者的配置一样，具体可以参考"Kafka Broker Configurations for Confluent Platform"文档中具有"高"重要性的配置属性。

代码清单 6.2 中的示例演示了当只有一个数据副本并且它所在的 Broker 发生故障时的情况。如果使用 Broker 的默认设置就可能发生这种情况。所以，请确保从一开始你的本地测试 Kafka 集群就有 3 个节点，并创建代码清单 6.2 所示的主题。

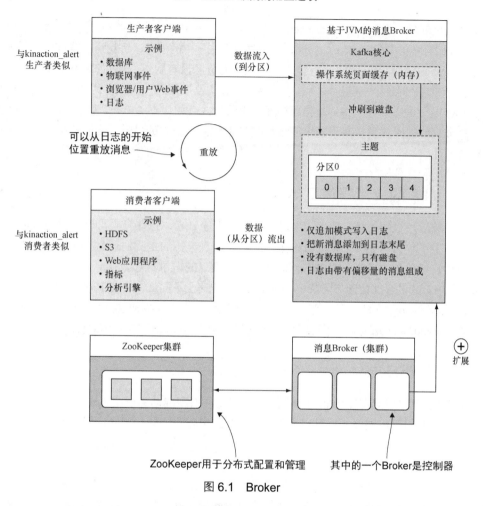

图 6.1  Broker

---

代码清单 6.2   创建主题

```
bin/kafka-topics.sh --create \
  --bootstrap-server localhost:9094 \
  --topic kinaction_one_replica
```
创建一个只包含一个分
区和一个副本的主题

```
bin/kafka-topics.sh --describe --bootstrap-server localhost:9094 \
  --topic kinaction_one_replica
```
描述 kinaction_one_replica 主题，这个主题所有
的数据都在 Broker 2 上

```
Topic: one-replica PartitionCount: 1 ReplicationFactor: 1 Configs:
    Topic: kinaction_one_replica Partition: 0
Leader: 2 Replicas: 2 Isr: 2
```

当运行代码清单 6.2 中的命令来创建和描述主题 kinaction_one_replica 时，我们将看到 Partition、Leader、Replicas 和 Isr 这些字段都只有一个值，而且 Broker 的 ID 都是一样的。这说

明整个主题只依赖一个运行中的 Broker。

如果我们将本例中的 Broker 2 关闭，并试着读取主题中的消息，将收到这样的响应："1 个分区有首领 Broker，但没有匹配的监听器。"因为主题的分区没有副本，所以如果不将关闭的 Broker 恢复，就无法继续向这个主题生成消息或从这个主题中读取消息。尽管这只是一个示例，但它说明了 Broker 配置的重要性，特别是当用户通过手动方式（如代码清单 6.2 所示）创建主题时。

另一个重要的配置属性用于指定应用程序日志和错误日志的目录，接下来就让我们看一看这个配置属性。

## 6.3.1　Kafka 的应用程序日志

与大多数应用程序一样，Kafka 也提供了应用程序日志，这些日志可以让我们知道应用程序内部都发生了什么。在接下来的讨论中，应用程序日志指的是我们通常在应用程序中（为了调试或审计）所使用的日志，而非 Kafka 用于保存消息的记录日志。

应用程序日志的存储位置与记录日志的存储位置也完全不同。在启动 Broker 时，我们可以在 Kafka 安装目录的 logs/文件夹下找到应用程序日志的目录。我们可以通过修改 config/log4j.properties 文件中的 kafka.logs.dir 来改变应用程序日志的位置（参见 Confluent 文档 "Logging"）。

## 6.3.2　服务器日志

许多错误和意外行为与启动时的配置问题有关。在遇到启动错误或出现导致 Broker 发生崩溃的异常时，我们可以在服务器日志文件 server.log 中查找问题的根源。服务器日志似乎很自然地成为查找问题的首要目标。我们可以在日志中查找（或使用 grep 命令查看）Kafka 的配置属性值。

在查看包含这个文件的目录时，你可能还会看到 controller.log（如果这个 Broker 曾经是控制器）和其他具有相同名字的旧文件。如果你对此感到不知所措，可以用 logrotate 旋转和压缩日志，除此之外，还有许多其他工具可用于管理服务器旧日志。

每一个 Broker 上都有这样的日志。默认情况下，它们不会聚集到同一个地方。各种平台可能会把它们聚集在一起，我们也可以用 Splunk 这样的工具收集它们。关键在于，如果我们使用了云环境，而云环境中不包含 Broker 实例，我们要知道怎样收集日志并对它们进行分析。

## 6.3.3　管理集群状态

正如第 2 章所讨论的，每一个分区都有一个首领副本，首领副本在任何时候都只存在于一个 Broker 上，一个 Broker 可以托管多个分区的首领副本，集群中的任何一个 Broker 都可以托管分区的首领副本。但是，集群中只能有一个 Broker 充当控制器。控制器的职责是管理集群，也会执行其他的一些管理操作，如重新分配分区（参见 Apache Software Foundation 网站上的

"Kafka Controller Internals")。

在对集群进行滚动升级(逐个关闭和重启 Broker)时,最好把控制器放在最后一个重启(参见 Confluent 文档"Post Kafka Deployment"),否则,可能需要重启控制器多次。

要想知道哪个 Broker 是当前的控制器,可以用 zookeeper-shell.sh 脚本找出这个 Broker 的 ID,如代码清单 6.3 所示。ZooKeeper 中有一个叫作/controller 的路径,在代码清单 6.3 中,我们通过执行一条命令查看当前路径的值。在集群中,执行这条命令会显示 ID 为 0 的 Broker 就是当前的控制器。

---

**代码清单 6.3 查看当前的控制器**

```
bin/zookeeper-shell.sh localhost:2181    ◀──── 连接到 ZooKeeper
get /controller    ◀──── 获取/controller        实例
                        路径的值
```

图 6.2 所示是 ZooKeeper 输出的信息,包括 brokerid 的值。如果要迁移或升级集群,我们会在最后升级这个 Broker,因为它是集群当前的控制器。

```
Connecting to localhost:2181
Welcome to ZooKeeper!
JLine support is disabled

WATCHER::

WatchedEvent state:SyncConnected type:None path:null
get /controller
{"version":1,"brokerid":0,"timestamp":"1540874053577"}
cZxid = 0x2f
ctime = Mon Oct 29 23:34:13 CDT 2018
mZxid = 0x2f
mtime = Mon Oct 29 23:34:13 CDT 2018
pZxid = 0x2f
cversion = 0
dataVersion = 0
aclVersion = 0
ephemeralOwner = 0x166c33ffa650000
dataLength = 54
numChildren = 0
```

图 6.2 控制器的输出示例

我们还将找到一个叫作 controller.log 的控制器日志文件,在本例中,这个文件就是 Broker 0 的应用程序日志。当我们需要查看 Broker 的操作和故障信息时,这个日志文件就很重要。

## 6.4 分区的首领和它们的职责

我们快速回顾一下,主题由分区组成,分区可以有容错副本。把分区的内容写到 Broker 的磁盘上。分区中的一个副本将担任首领的角色。首领负责处理来自外部生产者客户端的写入操作。首领是唯一包含新写入数据的副本,所以它也就成了跟随者副本的数据来源(参见

Confluent 文档"Replication")。ISR 列表由首领维护,所以它知道哪些副本是最新同步的,并且能看到当前所有的消息。跟随者副本是首领的消费者,它们从首领那里获取消息。

图 6.3 描绘了一个包含 3 个节点的集群,Broker 3 是首领,Broker 2 和 Broker 1 是跟随者,主题的名字叫作 kinaction_helloworld。分区 2 的首领副本在 Broker 3 上。作为首领,Broker 3 不仅处理来自外部生产者和消费者的所有读写操作,还处理来自 Broker 2 和 Broker 1 的复制请求。在 ISR 列表[3, 2, 1]中,首领位于第一个位置(3),然后是跟随者(2 和 1),它们从首领那里复制最新的消息。

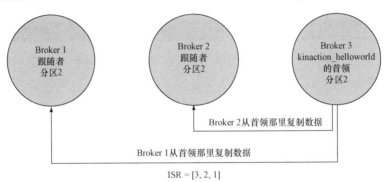

图 6.3　首领

在某些情况下,分区首领副本所在的 Broker 可能会发生故障。在图 6.4 中,之前的示例出现了故障。因为 Broker 3 不可用,一个新首领被选举出来。Broker 2 成了新首领,它曾经是一个跟随者,现在被选举为新首领,负责处理分区数据的读取和写入。ISR 列表现在变成[2, 1],第一个位置的 2 表明新的首领副本在 Broker 2 上。

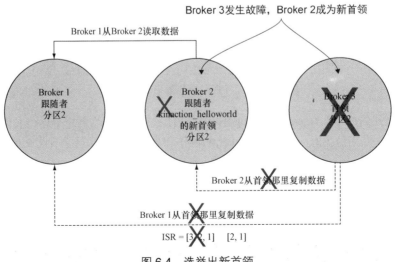

图 6.4　选举出新首领

注意：第 5 章介绍了 KIP-392，消费者客户端可以从最近的副本读取数据（参见 Apache Software Foundation 网站上的 "KIP-392: Allow Consumers to Fetch from Closest Replica"）。如果 Broker 跨多个物理数据中心，那么从首选跟随者（而不是首领副本）那里读取数据会更有意义。不过，在本书中讨论首领和跟随者时，除非有特别说明，否则指的就是默认的首领读写行为。

了解同步副本（ISR）也是深入了解 Kafka 的关键。Kafka 会为新主题创建特定数量的副本，并将其添加到初始 ISR 列表中（参见 N. Narkhede 的文章 "Hands-free Kafka Replication: A Lesson in Operational Simplicity"）。这个数字可以通过参数指定，也可以使用 Broker 配置的默认值。

注意，副本在默认情况下不会进行自我修复。如果一个包含某个分区副本的 Broker 关闭，Kafka 并不会创建一个新的副本。之所以提到这一点，是因为一些用户已经习惯了像 HDFS 这样的文件系统。在这类文件系统中，如果一个数据块出现损坏或发生了故障，它们会保持副本数量不变（也就是进行自我修复）。在监控系统处于健康状况时，我们需要关注集群中有多少个 ISR，看看它们是否与期望的数量匹配。

为什么我们要关注这个数字？因为我们最好知道这个数字是多少，避免它变成 0！假设我们有一个主题，它只有一个分区，并且这个分区有 3 个副本。在最好的情况下，首领分区副本中的数据将有两个副本。当然，这说明两个跟随者副本与首领是同步的，但如果我们失去一个 ISR 会怎样？

还要注意，如果一个跟随者副本从首领那里复制消息时落后太多，就会被移出 ISR 列表。如果跟随者在复制消息时用了太长时间，首领就会注意到，并将其从跟随者列表中移除。然后，首领会生成一个新的 ISR 列表。ISR 列表的这种"淘汰"结果与图 6.4 中 Broker 发生故障的结果类似。

如果在没有 ISR 的情况下首领副本因发生故障关闭了会怎样？如果 unclean.leader.election.enable 设置为 true，控制器会为分区选举出一个新首领（即使这个副本不是同步的），这样整个系统就可以继续运行（参见 Confluent 文档 "Replication"）。但这么做可能会丢失数据，因为在首领发生故障时，没有一个副本拥有完整的数据。

图 6.5 描绘了一个拥有 3 个副本的分区怎样丢失数据。在这种情况下，Broker 3 和 Broker 2 都发生了故障并离线。因为启用了不完整首领选举，所以即使 Broker 1 与其他 Broker 不同步，也会被选举为新首领。因为 Broker 1 看不到消息 3，所以它无法将这条消息呈现给客户端。这种做法以丢失数据为代价来保持服务的可用性。

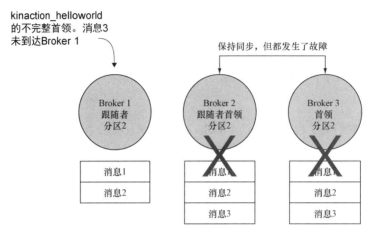

图 6.5　不完整首领选举

## 6.5　窥探 Kafka

我们有许多工具可用来捕获和查看应用程序中的数据。我们将以 Grafana 和 Prometheus 为例，我们可以用它们来构建一个简单的监控技术栈以对 Confluent Cloud 进行监控（参见 Confluent 文档 "Observability Overview and Setup"）。我们将使用 Prometheus 抽取和存储 Kafka 的指标数据，然后将数据发送给 Grafana，生成有用的图形视图。为了充分理解为什么要使用这些组件，我们先快速了解一下这些组件以及每个组件的职责（见图 6.6）。

图 6.6　监控数据流

在图 6.6 中，我们通过 JMX（Java Management Extension，Java 管理扩展）查看 Kafka 应用程序的内部情况。Kafka Exporter 接收 JMX 通知，并将它们导出为 Prometheus 格式。Prometheus 抓取导出的数据，并将指标数据保存下来。然后，各种工具从 Prometheus 获取信息，并在可视化仪表盘中展示它们。

许多 Docker 镜像和 Docker Compose 文件对这些工具进行了捆绑,你也可以在本地机器上安装它们,以便更详细地了解整个过程。

GitHub 网站上的 kafka_exporter 是一款优秀的 Kafka Exporter。我们喜欢它的简单性,因为要运行它只需要为它指定一个 Kafka 服务器的地址或一个地址清单。它可能也适用于你的场景。注意,因为我们有相当多需要监控的组件,所以可能会收集到许多特定于客户端和 Broker 的指标。即使如此,这些也并不能完全涵盖我们所能收集到的所有指标。

图 6.7 描绘了一个针对本地数据存储(例如,一个从 Kafka Exporter 工具收集指标的 Prometheus 本地实例)的查询操作。因为 Kafka 的分区副本不会自动进行自我修复,所以我们需要监控不同步的分区数量。如果这个数字大于 0,我们就需要看一下集群里发生的什么操作导致副本复制出了问题。我们可以在图表或仪表盘中显示查询结果,如果有必要,还可以发出警报。

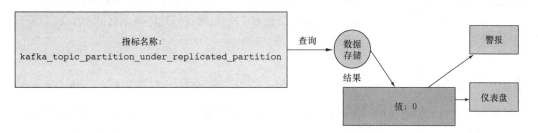

kafka_topic_partition_under_replicated_partition(instance="localhost:9308",job="kafka_exporter",partition="0",topic=kinaction_helloworld)0

图 6.7　指标查询示例

Kafka Exporter 并没有导出所有的 JMX 指标。为了获取更多的 JMX 指标,我们可以在启动 Kafka 进程时设置 JMX_PORT 环境变量(参见 Confluent 文档 "Kafka Monitoring and Metrics Using JMX")。其他一些工具通过 Java 代理向端点或端口生成指标,然后由 Prometheus 获取这些指标。

代码清单 6.4 演示了如何在启动 Broker 时设置环境变量 JMX_PORT。如果我们已经有一个正在运行的 Broker,并且没有公开这个端口,就需要重启 Broker 让这个更改生效。我们还希望自动完成对这个环境变量的设置,以确保这个更改在所有 Broker 重启时都能生效。

**代码清单 6.4　在启动 Broker 时指定 JMX 端口**

```
JMX_PORT=$JMX_PORT bin/kafka-server-start.sh \          ◁──  在启动集群时指定
➥ config/server0.properties                                 JMX_PORT 环境变量
```

## 6.5.1　集群维护

在部署到生产环境时,我们需要配置多个服务器实例。另外,生态系统的各个部分(如 Kafka 和 Connect 客户端、Schema Registry 和 REST Proxy)通常不会运行在 Broker 所在的服务器上。出于测试的目的,我们可能会在一台笔记本计算机(或服务器)上运行所有这些进程,但在处理生产环境的工作负载时，为了保证安全和效率，我们肯定不希望这些进程都运行在一台服务器上。与 Hadoop 生态系统中的工具类似，Kafka 也可以横向扩展到更多的服务器上。我们看一看如何在 Kafka 集群中添加服务器。

## 6.5.2   增加一个 Broker

刚开始时可以使用小集群，随着流量的增加，我们可以添加更多的 Broker。要向集群中添加 Broker，我们只需要启动设置了唯一 ID 的新 Broker。这个 ID 可以通过配置参数 broker.id 指定，也可以将 broker.id.generation.enable 设置为 true 指定（参见 Confluent 文档"Kafka Broker Configurations"）。这样就差不多了。不过，这里有一点需要注意——新 Broker 不会分配到任何分区！在添加新 Broker 之前创建的主题分区仍然位于之前的 Broker 上（参见 Confluent 文档"Scaling the Cluster (Adding a Node to a Kafka Cluster)"）。如果我们允许新添加的 Broker 只处理新创建的主题，我们就什么都不需要做。

## 6.5.3   升级集群

更新和升级是软件系统的一个不可或缺的部分。为了处理生产环境的工作负载，或者为了不影响日常业务，并非所有的系统都可以通过重启全部服务器的方式进行升级。滚动重启是一种可以避免 Kafka 停机的升级方式，也就是每次只升级一个 Broker。图 6.8 描绘了在重启集群的下一个 Broker 之前，每次只升级一个 Broker。

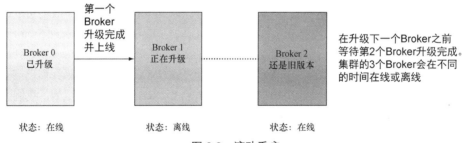

图 6.8   滚动重启

用于控制滚动重启的一个重要的配置属性是 controlled.shutdown.enable。如果将这个属性设置为 true，分区所有权将会在 Broker 关闭之前转移（参见 Apache Software Foundation 网站上的"Graceful Shutdown"）。

## 6.5.4   升级客户端

正如第 4 章提到的，尽管 Kafka 尽其所能将客户端与 Broker 解耦，但是了解客户端与 Broker 之间的版本情况是有好处的。这种双向客户端兼容特性是在 Kafka 0.10.2 中引入的，Kafka 0.10.0

或更高版本的 Broker 也支持这种特性。我们通常可以在升级完集群所有的 Broker 之后再升级客户端。不过，在升级之前需要查看一下版本说明，确保新版本是兼容的。

### 6.5.5　备份

Kafka 没有数据库那样的备份策略。实际上，Kafka 不进行快照或磁盘备份。既然 Kafka 日志位于磁盘上，那么为什么不直接通过复制整个分区目录进行备份呢？尽管我们确实可以这么做，但是要复制所有位置的数据目录可能会很复杂。所以，与其在多个 Broker 之间手动协调和复制数据，不如启用第二个集群，并在两个集群的主题之间复制数据。你可能在生产环境中看到过 MirrorMaker，这是最早的镜像工具之一。这个工具的最新版本（MirrorMaker 2.0）随 Kafka 2.4.0 一起发布（参见 Apache Software Foundation 网站上 Kafka Version 2.4.0 的 Release Notes）。在 Kafka 安装目录的 bin 子目录中，我们可以看到一个叫作 kafka-mirror-maker.sh 的 Shell 脚本和一个叫作 connect-mirror-maker.sh 的 MirrorMaker 2.0 新版脚本。

还有其他的一些开源产品和企业级产品，例如，Confluent Replicator 和 Cluster Linking（参见 Confluent 文档 "Multi-DC Solutions"）也可用于在集群之间镜像数据。

## 6.6　关于有状态系统

Kafka 使用有状态数据存储。在本书中，我们将使用自己的服务器节点，不涉及任何云部署。有一些很棒的资源，例如，Confluent 提供的关于如何使用 Kubernetes Confluent Operator API 的网页，以及可以帮助你完成工作的 Docker 镜像。如果你想在 Kubernetes 上运行集群，也可以了解一下 Strimzi。在撰写本书时，Strimzi 是云原生计算基金会的一个沙盒项目。如果你熟悉这些工具，当你在 Docker Hub 中发现了一些有趣的项目时，就可以快速进行概念验证（Proof of Concept，PoC）。不过，对于基础设施来说，并没有一个放之四海而皆准的方案。

Kubernetes 的一个优势是它能够快速创建新集群，并支持不同的存储和服务通信选项。Gwen Shapira 在她的论文 "Recommendations for Deploying Apache Kafka on Kubernetes" 中对此进行了更深入的探讨。对于一些公司来说，为每一个产品提供单独的集群可能比为整个企业提供一个巨大的集群更容易管理。快速启动集群的能力可以满足产品的快速迭代需求。

图 6.9 大致描绘了如何在 Kubernetes 中使用 Operator Pod 设置 Kafka Broker，这与 Confluent 和 Strimzi Operator 的工作原理类似。图 6.9 中的一些术语是 Kubernetes 特有的，不过我们不打算过多地解释它们，因为我们的重点是学习 Kafka，我们只提供一个概览。我们描述的是集群的工作方式，而不是特定的设置。

Kubernetes Operator 就是 Kubernetes 集群内部的 Pod。同样，每一个 Broker 就是一个 Pod，是 StatefulSet 逻辑组的一部分。StatefulSet 的作用是管理 Kafka Pod，保证每个 Pod 的顺序和标识。例如，如果托管 Broker 0（JVM 进程）的 Pod 发生故障，将会使用同样的标识（而不是随机 ID）创建一个新的 Pod，并连接到与之前相同的持久存储卷。因为这些卷保存了 Kafka 分区的消息，所以之前的数据都还在。这种有状态机制弥补了容器短生命周期的缺陷。同样，每一个 ZooKeeper 节点也都是一个 Pod，这些 Pod 也属于 StatefulSet 的一部分。

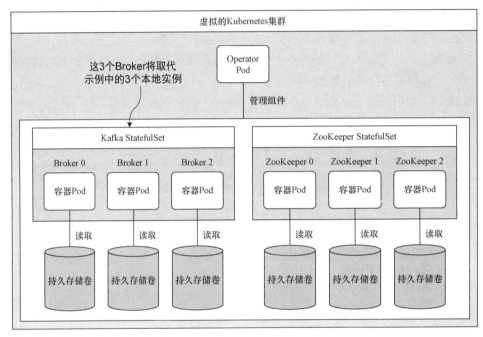

图 6.9   Kubernetes 中的 Kafka

对于那些刚接触 Kubernetes 或者对迁移到 Kubernetes 感到焦虑的人来说，一个有用的策略是先在 Kubernetes 集群上运行 Kafka 客户端和应用程序。除实现无状态之外，以这种方式运行客户端还有助于我们从一开始就对 Kubernetes 有直观的感受。无论怎样，要在这个平台上运行 Kafka，都不应该忽略对 Kubernetes 的了解。

本书作者之一所在的 4 人开发团队最近把一半的精力放在 Kubernetes 上，把另一半精力放在维护 Kafka 上。当然，并不是每一个团队都有这样的分配比例。开发人员花在 Kubernetes 上的时间取决于具体的团队和整体经验。

## 6.7   练习

因为我们很难通过实操的方式应用我们刚学到的一些新知识，而且本章对命令的描述多过对代码的描述，所以接下来我们将进行查看"不同步分区"指标的练习。除使用仪表盘之类的工具之外，我们还可以使用哪些命令行选项查看这些信息呢？

假设我们想要了解 kinaction_replica_test 主题的健康状况。在创建这个主题时，我们为每个分区设置了 3 个副本。我们想要确保 ISR 列表中有 3 个 Broker，以防止 Broker 发生故障。我们可以运行什么命令查看这个主题及其运行状态？代码清单 6.5 展示了是一个描述主题的示例（参见 Apache Software Foundation 网站上的"Replication Tools"）。从输出结果可以看到，ReplicationFactor 是 3，Replicas 列表中有 3 个 Broker ID。然而，ISR 列表只显示了两个值，但正常应该是 3 个！

---

代码清单 6.5　描述主题：测试 ISR 的数量

```
$ bin/kafka-topics.sh --describe --bootstrap-server localhost:9094 \
  --topic kinaction_replica_test          ◁──  请注意命令中的--topic 参
                                                数和--describe 标记
Topic:kinaction_replica_test PartitionCount:1 ReplicationFactor:3 Configs:
    Topic: kinaction_replica_test Partition: 0

Leader: 0 Replicas: 1,0,2 Isr: 0,2   ◁──  首领、分区和副本
                                           的相关信息
```

我们可以从命令的输出结果中看到不同步的分区，不过我们也可以通过--under-replicated-partitions 标记快速查看分区是否存在问题。在代码清单 6.6 中，我们使用这个标记快速过滤 ISR 数据，只将不同步分区的信息输出到终端。

---

代码清单 6.6　使用--under-replicated-partitions 标记

```
bin/kafka-topics.sh --describe --bootstrap-server localhost:9094 \
  --under-replicated-partitions          ◁──  请注意命令中的--under-replicated-partitions
                                               标记
Topic: kinaction_replica_test Partition: 0
➥ Leader: 0 Replicas: 1,0,2 Isr: 0,2   ◁──  ISR 只列出了
                                             两个 Broker
```

从代码清单 6.6 可以看出，在使用--describe 标记时，我们可以不局限于检查特定主题的不同步分区。我们可以用这条命令查看多个主题和集群的问题。在第 9 章讨论管理工具时，我们将介绍 Kafka 提供的更多开箱即用的工具。

提示：在运行本章中的命令时，可以先不带参数运行它们，看看它们都有哪些可用于故障诊断的选项。

随着我们在本章中对 Kafka 有了更深入的了解，我们已经意识到我们正在运行一个复杂的系统。好在有各种各样的命令行工具和指标可以帮助我们监控集群的健康状况。在第 7 章中，我们将继续使用命令完成特定的任务。

# 总结

- Broker 是 Kafka 的核心，为外部客户端提供与 Kafka 交互的逻辑。集群不仅提供了可伸缩性，还提供了可靠性。
- 我们可以使用 ZooKeeper 在分布式集群中实现共识，例如，在多个可用的 Broker 之间选举新的控制器。
- 为了方便管理集群，我们可以配置 Broker 级别的选项，客户端可以对某些选项进行覆盖。
- 一个分区在集群里可以有多个副本，这在 Broker 发生故障和无法访问的情况下非常有用。
- 同步副本（ISR）与首领的数据保持一致，可以在不丢失数据的情况下接管分区的所有权。
- 我们可以用指标生成图形，对集群进行可视化监控，对潜在问题发出警报。

# 第 7 章　主题和分区

**本章内容：**

- 创建主题的参数和配置选项；
- 分区数据保存成日志文件的方式；
- 日志片段对分区里的数据的影响；
- 使用 EmbeddedKafkaCluster；
- 压实主题和保留数据。

在本章中，我们将进一步探究如何在主题中保存数据，以及如何创建和维护主题，包括如何设计分区和查看 Broker 中的数据。这些信息有助于我们了解主题是如何更新数据的，而不只是将数据追加到日志中。

## 7.1　主题

之前已经说过，主题是一种逻辑概念，而不是具体的物理结构。通常情况下，一个主题可能存在于多个 Broker 上。大多数消费 Kafka 主题数据的应用程序认为数据来自被消费的这个主题，所以在订阅主题时不需要提供除主题名称之外的额外信息。但是，在主题后面是一个或多个实际保存数据的分区。Kafka 将集群主题的数据写入日志，然后日志被写入 Broker 的文件系统。

图 7.1 描绘了组成 kinaction_helloworld 主题的分区。单个分区副本不能在 Broker 之间进一步分割，它们在每块磁盘上都占用了物理空间。图 7.1 还描绘了分区是由发送给主题的消息组成的。

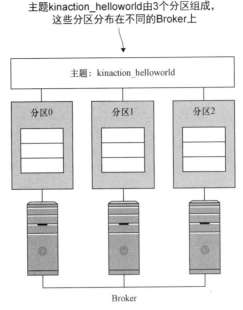

图 7.1　主题和分区示例

　　既然向主题写入数据如此简单，那么为什么我们还需要了解主题是由什么组成的呢？简单地说，这是因为主题的组成方式影响到了消费者获取数据的方式。假设一家公司通过一个 Web 应用程序预订培训场地，这个应用程序会将用户的操作事件发送到 Kafka 集群。整个过程将生成大量的事件，例如，一个搜索场地的初始事件、一个客户选择培训课程的事件和一个确认培训课程的事件。生成这些事件的应用程序应该将事件发送到单个主题还是多个主题？每个事件是否都是不同的类型？每个事件是否都应该写入不同的主题？不管如何处理这些事件，我们都需要考虑到一些注意事项，它们将帮助我们在不同的情况下选择最合适的处理方式。

　　我们将主题的设计分为两个步骤。首先，分析事件，判断它们应该属于一个主题还是多个主题。然后，考虑主题。我们应该使用多少个分区？分区是主题级别的设计问题，而不是集群级别的问题。我们可以为主题设置默认的分区数，但在大多数情况下我们需要考虑主题如何使用以及它将保存哪些数据。

　　在选择分区数量时，我们应该有充分的理由。饶军在 Confluent 的博客上分享了一篇关于如何选择主题分区数量的文章——"How to Choose the Number of Topics/Partitions in a Kafka Cluster?"假设我们的规则是为每一台服务器创建一个分区，但这并不意味着生产者会在它们之间均匀地写入数据。为此，我们需要确保每个分区的首领均匀地分布在每一台服务器上。

　　我们还需要了解数据的具体情况。不论是在培训课程场景中，还是在一般的情况下，我们都要考虑以下因素：

■　数据的正确性；

- 每个消费者感兴趣的消息量；
- 你有多少数据以及需要处理多少数据。

在实际的设计当中，数据正确性是最重要的关注点。这个概念可能有点儿含糊不清，所以我们将按照我们的理解定义它。对于主题来说，数据正确性就是要确保事件按顺序出现在相同的分区和相同的主题中。尽管消费者可以根据时间戳对事件进行排列，但是在我们看来，协调跨主题的事件所带来的麻烦已经超过了它所能带来的价值（而且更容易出错）。如果我们使用包含键的消息并且要求这些消息是有序的，那么我们应该关心分区本身以及将来对这些分区做出的变更（参见 Confluent 文档"Main Concepts and Terminology"）。

为了确保前面 3 种事件（搜索场地的初始事件、客户选择培训课程的事件、确认培训课程的事件）的数据正确性，我们可以将带有消息键（包含学生 ID）的事件分别放在两个独立的（已预订和已确认）主题中。这些事件与特定的学生相关，这样可以确保对课程的确认是针对特定的学生的。至于搜索事件，如果我们的分析团队希望找出搜索热度最高的城市而不是学生信息，就不需要对搜索事件进行排序。

接下来，我们需要考虑每个消费者感兴趣的消息量。对于培训课程预订系统，我们需要了解一下主题的事件数量。搜索事件的数量将远远超过其他事件。假设一个大城市附近的培训场地每天被搜索 5 万次，但只能容纳 100 名学生。在大多数时候，系统将产生 5 万个搜索事件和不到 100 个预订事件。消费者应用程序是否可以订阅整个主题但只关心其中 1% 的消息？如果可以，消费者应用程序的大部分时间将用于过滤大量它们不关心的事件，真正需要处理的只是其中的少量事件。

另一个需要考虑的问题是我们需要处理多少数据。为了能够在应用程序给定的时间内处理完数据，是否需要同时运行多个消费者？如果需要，我们就需要注意消费者数量与主题分区数量之间的关系。这个时候我们通常倾向于创建更多的分区，因为这样就可以在不重新对数据进行分区的情况下使用更多的消费者来提升吞吐量。但注意，分区并不是无限的免费资源，就像饶军在他的文章中谈到的那样。这也意味着在 Broker 发生故障时需要迁移更多的 Broker，这可能是一个潜在的痛点。

在设计系统时，我们最好可以找到恰到好处的折中方案。在图 7.2 中，我们为我们场景中的 3 种事件创建了两个主题。当然，如果有更多的需求，未来的实现可能会发生变化。

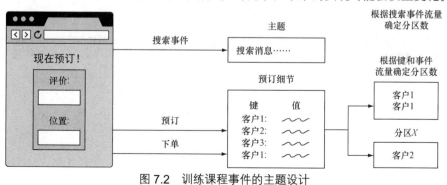

图 7.2　训练课程事件的主题设计

最后需要注意的一点是，目前 Kafka 不支持减少分区数量（参见 Apache Software Foundation 网站上的 "Documentation: Modifying Topics"）。虽然我们有办法减少已有的分区数量，但绝对不建议这么做！我们看一下为什么不建议这么做。

消费者在订阅主题时实际上被附加到了它们订阅的分区上，如果分区被移除，当消费者开始读取重新分配的分区时，之前的读取记录就丢失了。这就是为什么我们需要确保包含键的消息和消费者客户端能够适应我们在 Broker 级别所做的变更。我们的行为会影响到消费者。现在我们更深入地探究在创建主题时可以设置哪些选项。在介绍如何生成消息时，第 3 章已经简要地提及如何创建主题，现在我们将更深入地探讨它们。

## 7.1.1　主题的配置选项

在创建 Kafka 主题时，有几个必须设置的核心选项。尽管我们在第 2 章就创建了主题（kinaction_helloworld 主题），但是现在有必要深入了解一下容易忽略的一些基本选项。在设置这些选项时，我们需要小心谨慎和深思熟虑（参见 Apache Software Foundation 网站上的 "Documentation: Adding and Removing Topics"）。

在创建主题时，我们还要考虑未来是否需要删除主题。因为这个操作的影响巨大，所以我们要确保它经过了严格的逻辑确认。如果允许删除主题，就需要启用 delete.topic.enable 选项。如果将这个属性的值设置为 true，我们就可以删除主题（参见 Confluent 文档 "delete.topic.enable"）。

Kafka 的脚本工具通常都提供了很好的使用说明。我们建议先运行 kafka-topics.sh 命令，看看可以用它执行哪些操作。在代码清单 7.1 中，我们输入了一条不完整的命令，这样就可以看到帮助信息。

**代码清单 7.1　列出与主题操作相关的选项**

```
bin/kafka-topics.sh    ◁── 列出与主题操作相关的命令
```

我们可以在输出结果中看到 --create 命令。加入这个选项可以获得更多与创建主题操作相关的信息（例如，"缺少必要的参数 [topic]"）。在代码清单 7.2 中，我们同样输入了不完整的命令，但加入了一个额外的命令选项。

**代码清单 7.2　使用 --create 列出与主题操作相关的选项**

```
bin/kafka-topics.sh --create    ◁── 列出与指定命令相关的错误和帮助信息
```

为什么我们还要花时间讨论这些？毕竟有些用户已经很熟悉 Linux 内核的手册（manual）页了。虽然 Kafka 没有像 Linux 内核那样提供类似的使用说明，但是在用谷歌搜索这些命令之前，你起码可以知道都有哪些可用的选项。

只要主题的名字不超过 249 个字符（之前尝试过），我们就可以用这个脚本创建主题（参见 Apache Kafka 在 GitHub 网站上发布的 Topics.java）。我们将创建一个名为 kinaction_topicandpart

的主题，复制系数为 2，包含两个分区。代码清单 7.3 列出了需要在命令提示符后输入的命令。

代码清单 7.3 创建另一个主题

```
bin/kafka-topics.sh                                    将--create 选项添
  --create --bootstrap-server localhost:9092 \         加到命令中
  --topic kinaction_topicandpart \        指定主题的名字
  --partitions 2 \        确保我们有两个数据副本
  --replication-factor 2
                          主题包含两个分区
```

在创建好主题之后，我们可以通过描述这个主题确保主题的设置是正确的。从图 7.3 可以看到，分区和复制系数与刚刚执行的命令是匹配的。

```
) bin/kafka-topics.sh --bootstrap-server localhost:9092 --describe --topic kinaction_topicandpart
Topic: kinaction_topicandpart   PartitionCount: 2      ReplicationFactor: 2   Configs:
        Topic: kinaction_topicandpart   Partition: 0    Leader: 1       Replicas: 1,0   Isr: 1,0
        Topic: kinaction_topicandpart   Partition: 1    Leader: 0       Replicas: 0,2   Isr: 0,2
```

图 7.3 描述包含两个分区的主题

另一个需要注意的地方是将 auto.create.topics.enable 设置为 false（参见 Apache Software Foundation 网站上的“auto.create.topics.enable”）。这样做可以确保主题是我们有意创建的，而不是因为生产者使用了错误的主题名称而创建了错误的主题。虽然生产者和消费者之间不是紧密耦合的，但是通常客户端应用程序都需要知道数据所在的主题的名称。自动创建主题的方式可能会造成混乱，但是在测试和学习 Kafka 时可能会很有用。

举一个具体的例子，在执行 kafka-console-producer.sh --bootstrap-server localhost:9094 --topic notexisting 时，如果指定的主题不存在，Kafka 就会自动创建这个主题。这个时候如果执行 kafka-topics.sh --bootstrap-server localhost:9094 --list，就会看到集群中有这个主题。

虽然我们通常不会删除生产环境中的数据，但是随着进一步深入探索与主题相关的内容，我们可能会遇到一些错误。我们至少应该知道，在必要时我们是可以删除主题的（参见 Apache Software Foundation 网站上的“Documentation: Modifying topics”）。主题一旦删除，主题中的数据就也将删除。我们一般不会这么做，除非已经准备好永远“摆脱”这些数据！在代码清单 7.4 中，我们使用 kafka-topics.sh 命令删除名为 kinaction_topicandpart 的主题。

代码清单 7.4 删除一个主题

```
bin/kafka-topics.sh --delete --bootstrap-server localhost:9094
  --topic kinaction_topicandpart
                          移除主题 kinaction_topicandpart
```

我们将--delete 选项传给 kafka-topics.sh 命令。在执行完这条命令后，你就不能像以前那样操作这个主题中的数据了。

## 7.1.2 复制系数

副本的数量应该小于或等于 Broker 的数量。事实上，如果试图创建副本数量大于 Broker 数量的主题，会遇到 InvalidReplicationFactorException 异常（参见 Apache Kafka 在 GitHub 网站上发布的 AdminUtils.scala）。我们可能不明白为什么这么做会遇到异常。假设我们只有两个 Broker，但希望一个分区有 3 个副本，那么一个副本将位于一个 Broker 上，另外两个副本将位于另一个 Broker 上。在这种情况下，如果托管两个副本的 Broker 发生故障，我们就只剩下一个副本。一次丢失多个副本将给故障恢复带来麻烦。

## 7.2 分区

在介绍了主题级别的 Kafka 命令后，接下来我们将更深入地探究分区。从消费者的角度来看，分区是不可变的消息日志。它只会增加，并且不断地将消息追加到数据存储器中。尽管在实际中数据不会一直增加，但我们可以认为数据将源源不断地添加到日志中，而且不进行原地修改。另外，消费者客户端不能直接删除消息。这使重放某个主题的消息成为可能，在许多情况下，这个特性对于我们来说非常有用。

### 7.2.1 分区的位置

了解 Broker 是如何保存数据的对于我们来说很有好处。我们先找到 log.dirs（或 log.dir）目录所在的位置。如果你按照附录 A 中的指南安装和配置 Kafka，应该可以在 server.properties 文件中找到 log.dirs 目录。在这个目录下，我们应该能看到带有主题名称和分区号的子文件夹。如果打开其中一个子文件夹，我们将看到一些不同的文件，它们的扩展名分别是.index、.log 和.timeindex。在图 7.4 中，我们使用 ls 命令列出了测试主题的某个分区（在本例中为分区 1）对应的文件。

> ls /tmp/kafkainaction/kafka-logs-0/kinaction_topicandpart-1
00000000000000000000.index    00000000000000000000.log    00000000000000000000.timeindex  leader-epoch-checkpoint

图 7.4　查看分区目录

细心的读者可能会在他们自己的目录中看到名为 leader-epoch-checkpoint 的文件，甚至可能看到扩展名为.snapshot 的快照文件（图 7.4 中没有显示）。不过我们并不关心 leader-epoch-checkpoint 文件和快照文件。

扩展名为.log 的文件里保存了分区的数据。日志文件里还包含消息的偏移量和 CreateTime 字段等信息。那么 Kafka 为什么还需要其他文件？这么做主要是为了提升速度，Kafka 用.index 和.timeindex 文件保存逻辑消息偏移量与索引文件内部物理位置之间的映射关系。

可见，分区是由许多文件组成的。本质上，分区在物理磁盘上并不是单个文件，而分为几个片段（参见 Confluent 文档"Log Compaction"）。图 7.5 描绘了一个分区是如何由多个片段组成的。

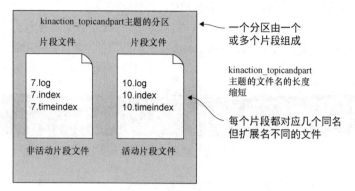

图 7.5 多个片段组成一个分区

活动片段是指当前正在写入新消息的文件（参见 Confluent 文档"Configuring The Log Cleaner"）。在示例中，10.log 是正在写入消息的片段文件。Kafka 通过各种方式管理旧片段，包括根据消息大小或时间保留数据。这些较旧的片段（如图 7.5 中的 7.log）可以压实，我们将在本章稍后讨论这个问题。

在了解了这些关于片段的知识后，我们就知道为什么在一个分区目录中会有多个同名但扩展名不同（如.index、.timeindex 或.log）的文件。例如，如果我们有 4 个片段，就会有 4 组，每组都有 3 个扩展名不同的文件，所以总共有 12 个文件。如果把不同扩展名的文件看成一个，那么就只有 1 个片段。

## 7.2.2 查看日志

我们尝试查看一下日志文件里的内容，看看到目前为止我们已经为主题生成了哪些消息。如果用文本编辑器打开日志文件，我们将看不到任何人类可读的消息。Confluent 提供了一个用于查看日志片段的工具（参见 Confluent 文档"CLI Tools for Confluent Platform"）。在代码清单 7.5 中，我们使用这个工具查看主题 kinaction_topicandpart 分区 1 的日志片段文件，并将文件内容传给 awk 和 grep。

代码清单 7.5 查看日志片段

```
bin/kafka-dump-log.sh --print-data-log \          ◁── 输出无法用文本编
  --files /tmp/kafkainaction/kafka-logs-0/            辑器查看的数据
➥ kinaction_topicandpart-1/*.log \
| awk -F: '{print $NF}' | grep kinaction          ◁── 指定要读取的文件
```

我们通过必选参数--files 指定要查看的片段文件。如果命令执行成功，我们应该可以看到一些消息输出在屏幕上。如果不使用 awk 和 grep，我们还会看到偏移量和其他相关的元数据，如压缩编解码器。这种查看 Kafka 如何在 Broker 中保存消息的方式非常有趣。这种查看消息的功能非常强大，因为它可以帮助你了解 Kafka 的日志存储情况。

从图 7.6 中可以看到文本形式的消息内容，它比直接用 cat 查看到的日志文件更易懂。例如，我们可以在片段文件中看到包含 kinaction_helloworld 文本的消息。或许，你还能看到更多有价值的数据！

```
⟩ bin/kafka-dump-log.sh --print-data-log --files /tmp/kafkainaction/kafka-logs-0/kinaction_topicandpart-1/*.
log | awk -F: '{print $NF}'| grep kinaction
Dumping /tmp/kafkainaction/kafka-logs-0/kinaction_topicandpart-1/00000000000000000000.log
kinaction_helloworld
```

图 7.6　查看日志片段

日志文件名中的数字不是随机的。片段文件的名字应该与这个文件中的第一个偏移量相同。

既然我们能够看到这些数据，那么必然也会关心还有谁能看到它们。数据安全和访问控制是大多数数据的共同关注点，所以我们将在第 10 章介绍一些保护 Kafka 和主题数据的方法。应用程序通常不关心与片段日志和索引文件相关的细节，但了解如何查看这些日志有助于我们理解日志的存储方式。

我们可以将 Kafka 看成一个有生命的复杂系统（毕竟它是分布式的），它需要我们"照顾和喂食"。我们将在 7.3 节中测试主题。

## 7.3　使用 EmbeddedKafkaCluster

我们最好可以对所有的配置选项做一番测试。如果可以在没有生产集群的情况下创建一个 Kafka 集群就再好不过了。Kafka Streams 提供一个叫作 EmbeddedKafkaCluster 的集群辅助类，它的功能介于 Mock 集群的功能和真实集群的功能之间。这个类提供一个基于内存的 Kafka 集群 ( 参见 Apache Kafka 在 GitHub 上发布的 EmbeddedKafkaCluster.java )。尽管它是为 Kafka Streams 而提供的，但是我们可以用它来测试 Kafka 客户端。

代码清单 7.6 中的代码类似于 William P. Bejeck Jr.在 *Kafka Streams in Action* 一书中提供的测试类代码，如 KafkaStreamsYellingIntegrationTest 类。这本书以及 *Event Streaming with Kafka Streams and ksqlDB* 都提供了更深入的测试示例。建议读者参考这些代码，包括他推荐的 Testcontainer 工具。在代码清单 7.6 中，我们使用 EmbeddedKafkaCluster 和 JUnit 4 测试代码逻辑。

**代码清单 7.6　使用 EmbeddedKafkaCluster 测试代码逻辑**

```
@ClassRule
public static final EmbeddedKafkaCluster embeddedKafkaCluster
    = new EmbeddedKafkaCluster(BROKER_NUMBER);         ◁──── 使用 JUnit 特有的注解创建具
                                                              有指定 Broker 数量的集群
private Properties kaProducerProperties;
```

```
private Properties kaConsumerProperties;

@Before
public void setUpBeforeClass() throws Exception {
    embeddedKafkaCluster.createTopic(TOPIC,
        PARTITION_NUMBER, REPLICATION_NUMBER);
    kaProducerProperties = TestUtils.producerConfig(
      embeddedKafkaCluster.bootstrapServers(),
      AlertKeySerde.class,
      StringSerializer.class);

    kaConsumerProperties = TestUtils.consumerConfig(
      embeddedKafkaCluster.bootstrapServers(),
      AlertKeySerde.class,
      StringDeserializer.class);
}

@Test
public void testAlertPartitioner() throws InterruptedException {
    AlertProducer alertProducer = new AlertProducer();
    try {
        alertProducer.sendMessage(kaProducerProperties);
    } catch (Exception ex) {
        fail("kinaction_error EmbeddedKafkaCluster exception"
        ➥ + ex.getMessage());
    }

    AlertConsumer alertConsumer = new AlertConsumer();
    ConsumerRecords<Alert, String> records =
      alertConsumer.getAlertMessages(kaConsumerProperties);
    TopicPartition partition = new TopicPartition(TOPIC, 0);
    List<ConsumerRecord<Alert, String>> results = records.records(partition);
    assertEquals(0, results.get(0).partition());
}
```

设置消费者配置以指向嵌入式
集群 Broker

不做任何修改直接调用客
户端, 使用嵌入式集群不会
对客户端造成任何影响

验证嵌入式集群正确处理了
消息从生产到消费的过程

在使用 EmbeddedKafkaCluster 时, 我们需要确保嵌入式集群在测试开始之前启动。因为这
个集群是临时的, 所以我们还要确保生产者和消费者客户端知道如何连接到这个基于内存的集
群。我们可以调用 bootstrapServers()方法为客户端提供所需的配置信息。如何将配置信息注入
客户端取决于你的配置策略, 不过最简单的做法是直接通过调用方法来设置配置属性。除了这
些配置之外, 客户端还应该能够在不提供模拟 Kafka 特性的情况下进行测试!

代码清单 7.6 中的测试用例用于验证 AlertLevelPartitioner 的逻辑是否正确。在第 4 章的示
例代码中, 自定义分区器将关键警报消息写入分区 0。我们通过获取 TopicPartition(TOPIC, 0)
的消息并查看消息内容确认消息所在的分区。这种级别的测试通常视为集成测试, 已经超越了
单个组件。至此, 我们使用嵌入式 Kafka 集群测试了客户端逻辑, 并且集成了多个模块。

**注意:** 在第 7 章的源代码中, 我们对 pom.xml 做了一些修改, 因为有些 JAR 包在前面章节的示
例中是没有的。另外, 一些 JAR 包只用在测试场景中。

如果你需要创建和销毁测试用的基础设施，可以考虑使用（特别是对于集成测试而言）Testcontainers。这个 Java 库被打包成 Docker 镜像，可与众多的 JVM 测试框架（如 JUnit）一起使用。Testcontainers 通过 Docker 镜像提供 Kafka 集群。如果你的开发工作流是基于 Docker 的，那么 Testcontainers 就值得一试，它可以为你的测试用例提供 Kafka 集群。

> 注意：本书的合著者 Viktor Gamov 维护了一个集成测试 Confluent 平台组件（包括 Kafka、Schema Registry、ksqlDB）的代码库。

## 7.4　主题压实

我们已经知道主题是由分区组成的，分区是由日志片段组成的，现在是时候介绍日志压实了。压实不是为了让消息过期，而是确保一个键只存在一个最新的值，不维护以前的状态。压实操作依赖消息的键，并且键不能是 null（参见 Confluent 文档 "Log Compaction"）。

要创建一个压实的主题，需要将配置选项 cleanup.policy 设置为 compact（参见 Confluent 文档 "cleanup.policy"）。这与默认值 delete 不同，换句话说，我们必须显式指定创建一个压实的主题，否则创建的就不是压实的主题。在代码清单 7.7 中，我们添加了创建压实主题所需的配置选项。

**代码清单 7.7　创建压实的主题**

```
bin/kafka-topics.sh --create --bootstrap-server localhost:9094 \    ← 创建普通的
  --topic kinaction_compact --partitions 3 --replication-factor 3 \        主题
  --config cleanup.policy=compact    ← 指定创建压实的
                                         主题
```

我们可以将压实主题表示数据的方式与数组更新元素的方式进行类比，数组元素的更新在原地进行，而不追加更多的数据。假设我们需要为在线会员保留当前的会员状态。一个客户同时只能处于一种状态，要么是基本会员，要么是黄金会员。客户在一开始是基本会员。随着时间的推移，客户为了获得更多的功能而升级成黄金会员。虽然升级成黄金会员对于 Kafka 来说也是一个需要保留的事件，但是在示例中我们只需要保留客户的最新会员级别。图 7.7 所示是一个包含 3 个客户的示例。

在压实之后，主题中只保留了客户 0 的最新状态。偏移量为 2 的消息用 Gold 替换了旧值 Basic（偏移量为 0）。客户 1 的当前值为 Basic，因为偏移量为 100 的 Basic 替换了之前偏移量为 1 的 Gold。客户 2 只有一个事件，这个事件继续保留到压实主题中，保持不变。

另一个使用压实主题的真实例子是 Kafka 的内部主题 __consumer_offsets。Kafka 不需要保留消费者组的历史偏移量，它只需要保留最新的偏移量。通过将偏移量保留在压实主题中，我们可以获得当前偏移量的最新视图。

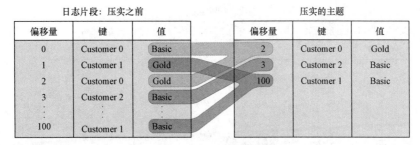

图 7.7 一个包含 3 个客户的示例

如果一个主题被标记为需要压实，我们就可以看到一个日志的两个不同状态——已压实的或未压实的。对于较旧的片段，经过压实后，每个键的值应该减少到一个值。活动日志片段中的消息尚未经过压实（参见 Confluent 文档"Configuring the Log Cleaner"）。在压实之前，特定的键可以存在多个值。在图 7.8 中，我们使用指针说明哪些消息已经压实，哪些还没有（参见 Confluent 文档"Log Compaction Basics"）。

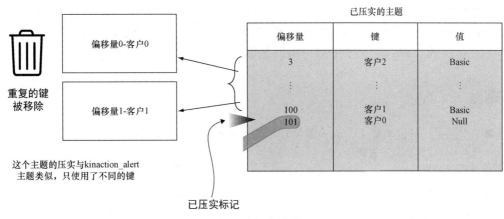

图 7.8 压实清理

如果仔细观察一下图 7.8 中的偏移量，我们可以看到压实过的片段的偏移量存在一些间隙。因为具有相同键的消息只保留了最新值，所以片段文件中有一些偏移量被移除了。例如，偏移量 2 就被删除了。但在活动片段中，我们会看到递增的偏移量，不会出现随机的跳跃。

假设现在有一个客户想要删除账户。发送带有特定键的消息（如客户 0），并将消息的值设为 null，它就被视为一条需要删除的消息。这条消息成了墓碑消息。如果你使用过 Apache HBase 等系统，就会知道它们的概念是类似的。从图 7.9 可以看到，null 值并不会被删除，仍然像其他消息一样保留。

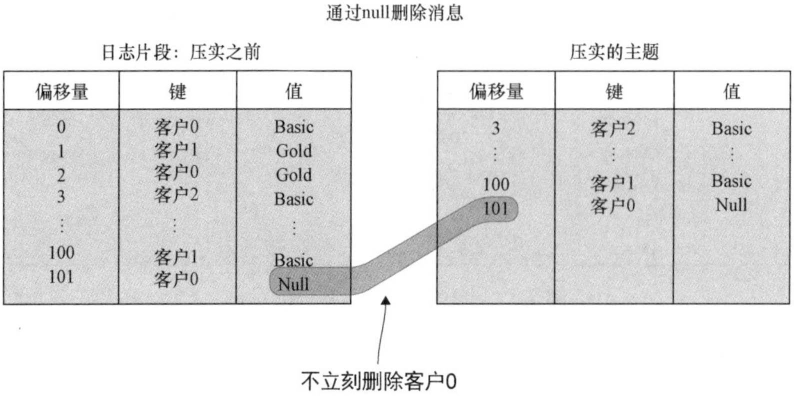

通过null删除消息

| 偏移量 | 键 | 值 |
|---|---|---|
| 0 | 客户0 | Basic |
| 1 | 客户1 | Gold |
| 2 | 客户0 | Gold |
| 3 | 客户2 | Basic |
| ⋮ | ⋮ | ⋮ |
| 100 | 客户1 | Basic |
| 101 | 客户0 | Null |

日志片段：压实之前

| 偏移量 | 键 | 值 |
|---|---|---|
| 3 | 客户2 | Basic |
| ⋮ | ⋮ | ⋮ |
| 100 | 客户1 | Basic |
| 101 | 客户0 | Null |

压实的主题

不立刻删除客户0

图 7.9　压实被删除的消息

应用程序可以处理也可以不处理这种删除规则，Kafka 通过它的这种核心特性帮助我们满足不同的数据需求。

在本章中，我们已经了解了主题、分区和日志片段的细节。虽然它们都与 Broker 相关，但是它们确实会影响到客户端。在了解了 Kafka 如何存储它自己的数据之后，我们将在第 8 章讨论如何存储数据，包括长期存储数据的解决方案。

## 总结

- 主题是一种逻辑概念，而不是物理结构。要理解主题的行为，消费者需要知道主题的分区数量和复制系数。
- 主题由分区组成，分区是并行处理主题数据的基本单元。
- 日志文件片段被写入分区目录，并由 Broker 负责管理。
- 我们可以使用基于内存的集群验证分区逻辑。
- 压实主题可用于保留记录的最新值。

# 第 8 章　Kafka 的存储

**本章内容：**
- 数据需要保留的时间长短；
- 数据进出 Kafka 的方式；
- Kafka 支持的数据架构；
- 云实例和容器的数据存储。

到目前为止，数据都在很短的时间内进出 Kafka。我们需要考虑长期保存数据的情况。在使用 MySQL 或 MongoDB 这样的数据库时，我们可能不需要考虑数据是否会过期或如何让它们过期。我们只知道数据（可能）在整个应用程序生命周期的大部分时间内存在。相比之下，Kafka 的存储逻辑介于数据库的长期存储和消息 Broker 的临时存储之间，特别是如果我们希望 Broker 一直保留消息直到被客户端读取。我们了解一下在 Kafka 环境中存储和移动数据的几种选项。

## 8.1　需要保存数据多长时间

目前，Kafka 主题默认的数据保留期限是 7 天，不过我们可以通过时间或数据大小配置它（参见 Confluent 文档 "Kafka Broker Configurations"）。Kafka 可以保存数据数年吗？我们以《纽约时报》的 Kafka 集群为例，这是一个真实的例子。在撰写本书时，其集群中的数据位于一个小于 100GB 的分区中（参见 B. Svingen 的文章 "Publishing with Apache Kafka at the New York

Times")。如果你回想一下第 7 章中关于分区的讨论，就会知道所有这些数据都保存在一个 Broker 的磁盘上（其他副本保存在其他不同的磁盘上），因为分区不能在 Broker 之间再进一步分割。由于存储设备的价格相对便宜，而且现代硬盘的容量一般都超过了几百吉字节，因此大多数公司在保存数据时不会有大小限制。这种用法对 Kafka 来说是对的吗？或者 Kafka 的预期设计目标被滥用了吗？只要磁盘上有可供未来使用的空间，你就可以找到处理特定工作负载的模式。

那么我们该如何配置 Broker 的数据保留策略？最主要的考量因素是日志的大小和数据存在的时间长度。表 8.1 列出了一些有用的数据保留配置选项（参见 Confluent 文档 "Kafka Broker Configurations"）。

表 8.1   Broker 的数据保留配置选项

| 选　　项 | 说　　明 |
| --- | --- |
| log.retention.bytes/B | 触发删除日志的最大阈值 |
| log.retention.ms/ms | 删除日志之前的时间长度 |
| log.retention.minutes/min | 删除日志之前的时间长度。如果同时设置了 log.retention.ms，会优先使用值较小的那个 |
| log.retention.hours/h | 删除日志之前的时间长度。如果同时设置了 log.retention.ms 和 log.retention.minutes，会优先使用值较小的那个 |

我们如何禁用日志保留限制，实现永久保留数据？通过将 log.retention.bytes 和 log.retention.ms 都设置为-1，我们就可以有效禁止删除数据（参见 Confluent 文档 "Kafka Broker Configurations: log.retention.ms"）。

另一个需要考虑的问题是我们如何为压实主题设置类似的保留策略。虽然我们可以在压实期间删除一些数据，但是包含键的最新消息仍然会保存在日志中。如果我们不需要保留每一个键对应的每一个事件（或历史），就很适合使用这种方法来保留数据。

如果我们希望保留数据一段时间，但又没有足够的磁盘空间来保存 Broker 上的数据，该怎么办？另一个长期存储数据的办法是将数据移出 Kafka，而不是停留在 Broker 中。在 Kafka 中的数据被删除之前，我们可以将它们存储在数据库或 Hadoop 分布式文件系统（HDFS）中，或者上传到云存储系统中。这些都是有效的解决方案，它们为我们提供了保存数据划算方法。

## 8.2   移动数据

似乎所有的公司都需要对他们接收到的数据进行转换。有时候这与公司内部的某个区域有关，有时候是因为需要与第三方集成。在数据转换领域有一个流行的术语，叫作 ETL（提取、转换、加载）。我们使用工具或代码按照原始格式获取数据，对数据进行转换，然后将其放入不同的表或数据存储系统中。Kafka 可以在这些数据管道中发挥关键作用。

## 8.2.1　保留原始事件

我们需要注意保存在 Kafka 中的事件的格式。尽管事件的格式取决于实际的需求，但是我们选择按照原始格式存储消息。我们为什么要保留原始消息，而不是在放入主题之前对它们进行格式化？如果你无意中弄错了转换逻辑，保留原始消息可以让你更容易回退和重新处理消息。你不需要纠结如何修复已处理的数据中的错误，而可以直接回退到原始数据并重新处理。大多数人在格式化日期或使用正则表达式时有过这样的经历，有时候你需要尝试几次才能得到你想要的格式。

保留原始消息的另一个好处是，有些消息现在用不到，但将来可能会用到。假设你在 1995 年从一家供应商那里收到一些包含 mobile 字段的数据。你可能永远不需要那个字段，对吧？但等到你认为有必要进行一次短信营销活动时，你就会感谢过去的自己，因为你保留了那些原始的"无用"数据。

虽然 mobile 字段对于一些人来说可能只是一个微不足道的例子，但是想想在进行数据分析时这将会多么有趣。如果你的模型从你曾经认为不重要的数据中发现了新趋势，是不是很有趣？只有保留了所有的数据字段，你才有可能回退到原始状态，并发现你从未预料到的见解。

## 8.2.2　摆脱批处理思维

ETL 或数据管道是不是会让人想起 batch、end of day、monthly 甚至 yearly 这些单词？与过去的数据转换过程不同，现在我们可以在不出现延迟的情况下将数据持续不断地传输到不同的系统中。例如，在使用 Kafka 时，我们可以保持数据管道实时运行，通过 Kafka 的流式处理平台将数据看成一系列无限的事件。

我们提到这些是为了提醒大家，Kafka 可以帮助我们改变处理数据的思考方式。我们不必为了运行作业而更新数据库等待一整夜，也不必选择在流量较少的夜间执行密集的 ETL 任务，我们完全可以在数据流入系统时执行这些操作，并构建不断为应用程序提供数据的实时管道。我们看一下哪些工具可以帮助我们在未来构建数据管道或更好地利用已有的数据管道。

# 8.3　工具

移动数据是许多系统（包括 Kafka 在内）的关键特性。你可以使用 Kafka 和 Confluent 的开源产品，如第 3 章讨论过的 Connect。除这些之外，还有其他一些可能适用于你的基础设施的工具，或者你的工具套件中可能已经包含它们。根据数据源或接收器，下面提到的工具可能有助于实现你的数据目标。注意，尽管本节介绍的一些工具包含示例配置和命令，但是要在本地机器上运行这些命令，可能需要进行更多（本书中没有展示）的设置。希望这部分内容能够激起你的兴趣，帮助你开启探索之旅。

## 8.3.1　Apache Flume

如果你是因为从事大数据工作而接触到 Kafka 的，那么你很有可能也用过 Flume。如果你听说过 Flafka，那么你肯定也对 Kafka 和 Flume 进行过集成。Flume 提供一种将数据导入集群的便利方案，它更多地依赖配置，而不是自定义代码。例如，如果你想将数据导入 Kafka 集群，并且供应商已经为各种组件提供支持，那么 Flume 就是一个将数据导入 Kafka 集群的绝佳选择。

在图 8.1 中，Flume 代理作为一个独立的进程运行在节点上。它监控服务器本地的文件，并根据你提供的代理配置将数据发送给接收器。

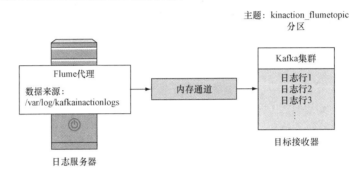

图 8.1　Flume 代理

我们再看一下如何使用 Flume 代理将日志文件（数据来源）中的内容发送到 Kafka 主题（数据接收器）中。代码清单 8.1 提供了一个示例配置，我们可以用它设置一个本地 Flume 代理来监控一个目录的变更。这些内容变更将放置到 Kafka 主题 kinaction_flumetopic 中。这就像使用 cat 命令读取一个目录中的文件，并将内容发送到一个特定的 Kafka 主题一样。

**代码清单 8.1　配置 Flume 监控的文件目录**

```
ag.sources = logdir        ◁——  定义源、接收器和
ag.sinks = kafkasink              通道的名字
ag.channels = c1

# 配置要监控的源目录              指定 spooldir，让 Flume 知道
ag.sources.logdir.type = spooldir  ◁——  要监控哪个日志目录
ag.sources.logdir.spoolDir = /var/log/kafkainactionlogs
...
ag.sinks.kafkasink.channel = c1                           ◁——  这部分定义 Kafka 主
ag.sinks.kafkasink.type = org.apache.flume.sink.kafka.KafkaSink     题和集群信息，数据
ag.sinks.kafkasink.kafka.topic = kinaction_flumetopic         将发送到这里
...
# 将源和接收器绑定到同一个通道
ag.sources.logdir.channels = c1    ◁——  用定义好的通道连
ag.sinks.kafkasink.channel = c1          接源和接收器
```

代码清单 8.1 演示了如何配置在服务器上运行的 Flume 代理。可以看到，接收器的配置看起来很像我们以前在 Java 生产者客户端代码中使用的属性。

值得注意的是，Flume 不仅可以将 Kafka 作为源或接收器，还可以将它作为通道。因为 Kafka 是一种可靠的事件通道，所以 Flume 可以使用 Kafka 在各种源和接收器之间传递消息。

如果你看到 Flume 的配置中涉及 Kafka，一定要注意它用在哪里以及是如何使用的。我们可以用代码清单 8.2 中的 Flume 代理配置为 Flume 支持的各种源和接收器提供可靠的通道。

代码清单 8.2　Flume 和 Kafka 通道配置

### 8.3.2　Red Hat Debezium

Debezium 将自己定位成一个把数据库转换为事件流的分布式平台。换句话说，将数据库更新视为事件。如果你有（或者没有）使用数据库的经验，可能听说过变更数据捕获（Change Data Capture，CDC）这个术语。顾名思义，数据变更可以追踪，并用于对这些变更做出反应。在撰写本章时，Debezium 支持 MySQL、MongoDB、PostgreSQL、Microsoft SQL Server、Oracle 和 IBM Db2。Debezium 对 Cassandra 和 Vitess 的支持还处于孵化状态（参见 Debezium 文档 "Connectors"）。读者可以在 Debezium 网站上查看当前可用的连接器清单。

Debezium 使用连接器和 Kafka Connect 记录应用程序从 Kafka 读取到的事件。图 8.2 展示的是一个将 Debezium 作为连接器的示例。

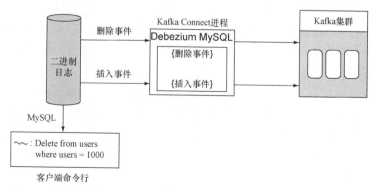

图 8.2　用于捕获 MySQL 数据库变更的 Kafka Connect 和 Debezium

在这个场景中，开发人员通过命令行删除 MySQL 数据库中的一条用户数据记录。Debezium

捕获到写入数据库二进制日志的事件，这个事件通过连接器进入 Kafka。如果发生了第二个事件，比如一条新的用户数据记录被插入数据库，则会捕获到一个新的事件。

另外需要说明的是，还有其他一些使用 CDC 来提供实时事件或数据变更的例子，虽然它们不是特定于 Kafka 的，但是它们都有助于你了解 Debezium 的作用。

### 8.3.3　Secor

Secor 是 Pinterest 于 2014 年推出的一个非常有趣的项目。它的目标是将 Kafka 日志数据持久化到各种存储系统（包括 S3 和谷歌云存储）中（参见 GitHub 上的 "Pinterest Secor"）。它的输出格式也多种多样，包括序列、Apache ORC、Apache Parquet 等。开源项目给我们带来的一个主要好处是我们可以看到其他团队如何满足可能与我们类似的需求。

在图 8.3 中，作为 Kafka 集群的消费者，Secor 就像其他消费者应用程序一样。为了备份数据，向集群中添加一个消费者并不是什么大问题，这主要利用了 Kafka 支持多个消费者的特性。

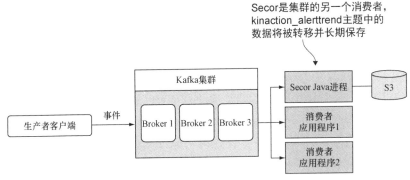

图 8.3　作为消费者的 Secor 将数据放入数据存储系统

Secor 作为 Java 进程运行，我们可以对它进行配置。实际上，它是我们现有主题的另一个消费者，它从主题读取数据，并将数据发送到特定的目的地（如 S3 桶）。Secor 不会影响其他消费者，我们用它获取事件的另一个副本，即使 Kafka 中的数据因保留策略到期而被删除，这些事件也不会丢失。

对于习惯在 Java 环境中使用 JAR 包的人来说，调用 Secor 应该很简单。我们可以通过-D 为 Secor 指定运行时参数。这个时候，我们可能需要修改带 Secor 配置选项的属性文件，例如，在属性文件中指定云存储桶的详细信息。

### 8.3.4　数据存储应用示例

我们看一个如何使用从 Kafka 移动到存储系统中的数据的例子。首先，我们将相同的数据用在两个不同的领域中，其中一个领域是在数据进入 Kafka 时将它们作为运营数据来处理。

运营数据是由日常运营产生的事件,例如,用户在网站上订购商品。订购商品的事件触发应用程序进入实时的活动状态。这些数据将保留几天,直到交付商品和完成订单。在这段时间之后,这些事件开始对我们的分析系统变得有用。

分析数据以运营数据为基础,通常更多地用在业务决策上。在传统的系统中,这正是数据仓库、在线分析处理(On-Line Analytical Processing,OLAP)系统和 Hadoop 的亮点所在。例如,我们可以对不同场景事件的不同字段进行数据挖掘,从中找出销售数据的规律。如果我们注意到清洁用品的销量总在假期前剧增,就可以利用这些数据为未来的业务做出更好的销售决策。

## 8.4 将数据放回 Kafka

注意,即使数据离开了 Kafka,我们也可以把它们再放回去。在图 8.4 中,Kafka 中的数据超过了正常的生命周期,存放在 S3 云存储器中。当新的应用程序逻辑变更需要重新处理旧数据时,我们不需要创建客户端来读取 S3 中的数据,而使用 Kafka Connect 将数据从 S3 加载回 Kafka。应用程序的接口将保持不变。乍一看,我们可能看不出为什么要这么做,但我们可以考虑一种情况,即在处理完数据并且数据已过了保留期限,将数据移回 Kafka 将为我们带来额外的价值。

我们假设有一个团队试图在他们多年来收集的数据中找到一些模式。他们有数太字节的数据,为了提供实时数据收集服务,在消费者处理完数据后,这些数据从 Kafka 转移到了 HDFS 中。现在,应用程序需要再把它们从 HDFS 拉取出来吗?为什么不直接把它们拉回 Kafka,这样应用程序就可以像以前一样重新处理数据了呢?重新将数据加载到 Kafka 是一种重新处理过期数据的有效方法。图 8.4 描绘了另一个将数据移回 Kafka 的例子。

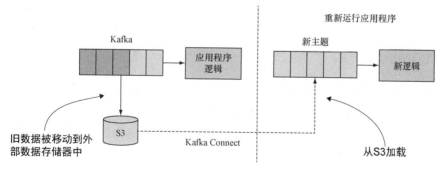

图 8.4 将数据移回 Kafka

一段时间后,由于配置了数据保留策略,因此 Kafka 中的事件对应用程序不可用,但我们在 S3 桶中有所有事件的副本。假设应用程序有了新版本,并且希望像之前那样重新遍历所有的事件。但因为这些事件不在 Kafka 中,所以我们需要从 S3 中把它们拉取出来吗?我们是希望让应用程序支持从不同的数据源拉取数据，还是只需要针对一个接口（也就是 Kafka）？我们可以在现有的 Kafka 集群中创建一个新主题，并通过 Kafka Connect 从 S3 加载数据，将它们放入这个新主题中。然后，应用程序就可以继续读取和处理 Kafka 中的事件，不需要修改任何处理逻辑。

我们的想法是继续以 Kafka 作为应用程序的接口，而不是想出更多拉取数据的方式。既然我们可以使用一个现有的工具（如 Kafka Connect）将数据移入或移出 Kafka，为什么还要通过自定义代码从不同的位置拉取数据呢？只要这个接口有可读取的数据，我们就可以用相同的方法处理它们。

> **注意**：这种方式只适用于 Kafka 中的数据已被删除的情况。如果你需要的数据还在 Kafka 中，那就可以从更早的偏移量重新读取数据。

Confluent 平台从 6.0.0 版本开始提供分级存储。在这个模型中，Broker 是本地存储器，远程存储器用于保存较旧的数据（存储在远程位置），并通过配置参数 confluent.tier.local.hotset.ms 控制本地存储数据的保留时间（参见 Confluent 文档 "Tiered Storage"）。

## 8.5 Kafka 支持的架构

在构建软件产品时，各种各样的架构模式都将数据视为事件，它们包括模型-视图-控制器（Model-View-Controller，MVC）模式的架构、点对点（Peer-to-Peer，P2P）的架构或面向服务的架构（Service-Oriented Architecture，SOA）等，而 Kafka 可以改变你对整个架构设计的思考方式。我们看几个基于 Kafka（和其他流式平台）的架构，它们有助于我们从不同的角度了解如何为客户设计系统。

我们在讨论中使用了大数据一词。注意，数据量和及时处理数据是一些系统的设计驱动因素，但这些架构并不局限于快数据（fast data）或大数据应用程序。一些新的数据处理模式突破了传统数据库技术的局限，我们看看其中的两种架构。

### 8.5.1 Lambda 架构

如果你曾经研究或使用过支持批处理和运营数据处理的应用程序，那么就可能听说过 Lambda 架构。这个架构的实现也可以从 Kafka 开始，只是相对复杂一些。

我们将数据的实时视图与历史视图相结合，为最终用户提供服务，但我们不能忽视合并这两个数据视图的复杂性。对于开发者来说，重建服务表是一个不小的挑战。此外，在处理来自两个系统的结果时，可能需要为数据维护不同的接口。

Nathan Marz 和 James Warren 在他们合著的 *Big Data:Priciples and Best Practices of Scalable Real-time Data Systems*（简称 *Big Data*）一书中更全面地讨论了 Lambda 架构，并详细介绍了批处理层、服务层和流式处理层。图 8.5 描绘了如何以批处理和实时的方式处理客户订单。我们可

以将过去几天客户的总额与当天的订单组合成数据视图并呈现给用户。

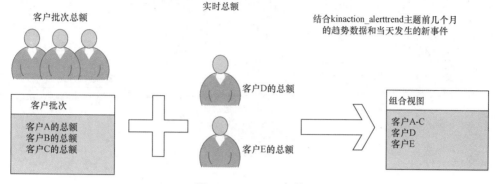

图 8.5　Lambda 架构

根据图 8.5 描绘的场景，我们将从较高的层次了解这个架构的每一个层。Nathan Marz 和 James Warren 的 *Big Data* 一书已经对这些层进行了描述。

- 批处理层——这一层类似于 Hadoop 等系统中的 MapReduce 批处理层。随着新的数据添加到数据存储中，批处理层持续地计算系统中已存在的数据视图。
- 流式处理层——这一层在概念上与批处理层类似，不一样的是它会根据最近的数据生成视图。
- 服务层——这一层在每次批处理视图发生变化后更新它发送给消费者的视图。

从最终用户的角度来看，Lambda 架构将服务层和流式处理层的数据统一起来，用最近和过去数据的完整视图应答请求。这个实时的流式数据层是最适合使用 Kafka 的地方，不过 Kafka 也可以为批处理层提供数据。

## 8.5.2　Kappa 架构

Kappa 架构是另一种可以利用 Kafka 强大功能的架构模式。这个架构由 Kafka 联合创作者 Jay Kreps 提出（参见 J. Kreps 的文章 "Questioning the Lambda Architecture"）。假设你需要维护一个能够在不发生中断的情况下持续为用户提供服务的系统。一种方法是像 Lambda 架构那样切换更新后的视图，另一种方法是同时运行当前版本和新版本的系统，并在新版本系统准备就绪时切换到新版本。当然，在切换过程中需要确保旧版本系统所提供的数据能够正确地反映在新版本系统中。

你只需要在必要时重新生成面向用户的数据，而不需要合并新旧数据（这在 Lambda 架构中是一个需要持续进行的过程）。它不必是一个连续的作业，但应用程序在做出逻辑变更时需要调用它。此外，你不需要修改数据接口，新旧应用程序代码可以同时使用 Kafka 接口。图 8.6 描绘了在没有批处理层的情况下，在 Kappa 架构中如何使用客户事件创建视图。

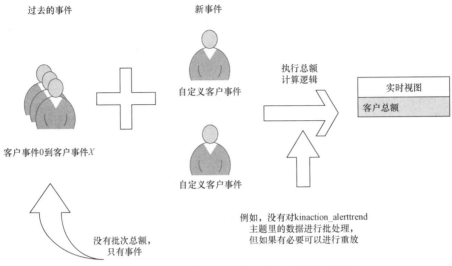

图 8.6　在 Kappa 架构如何使用客户事件创建视图

　　另外，图 8.6 还描绘了直接用于创建视图的过去和现在的客户事件。事件来自 Kafka，然后使用 Kafka Streams 或 ksqlDB 几乎实时地读取所有事件，并为最终用户创建视图。如果需要改变客户事件的处理方式，我们可以使用相同的数据源（Kafka）和不同的逻辑（如新的 ksqlDB 查询）创建第二个应用程序。我们不需要批处理层，因为现在只有用于生成最终用户视图的流式处理逻辑。

## 8.6　多集群设置

　　到目前为止，我们讨论的大多数话题是基于单个集群的。Kafka 具有很好的可伸缩性，单个集群达到数百个 Broker 也不是什么新鲜事。但是，一个集群并不能满足所有的基础设施需求。关于集群存储，我们比较关心的一个问题是在什么位置为最终用户所在客户端提供它们需要的数据。本节将讨论如何通过添加集群（而不只是 Broker）实现可伸缩性。

　　通常情况下，首先需要进行扩展的是现有集群中的资源，而 Broker 数量是最直接的扩展目标。Netflix 的多集群策略是一个非常棒的 Kafka 集群扩展方案（参见 A. Wang 的文章 "Multi-Tenant, Multi-Cluster and Hierarchical Kafka Messaging Service"）。他们通过添加更多的集群实现集群扩展，而不只是 Broker！

　　这种设计使人想起命令查询责任隔离（Command Query Responsibility Segregation，CQRS）模式。关于 CQRS 的更多细节，请查看 Martin Fowler 的网站，特别是他关于分离数据读写负载的想法。CQRS 的每一种操作都可以独立扩展，互不影响。虽然 CQRS 会增加系统的复杂性，但是有趣的是，这种模式通过分离生产者发送数据的负载与消费者读取数据的负载提升大型集群的性能。

## 8.7　基于云和容器的存储方案

虽然第 6 章讨论了 Kafka 的日志目录，但是并没有说明在提供短期存储的环境中应该选择怎样的实例类型。作为参考，Confluent 分享了有关部署 AWS 的注意事项，其中就包含对存储类型的权衡。

除 AWS 之外，另一个选项是 Confluent Cloud，它自动隐藏了一些与跨云供应商底层存储和管理相关的细节。Kafka 一直在演进，并对用户日常遇到的问题做出反应。在撰写本书时，KIP-392 已通过，这个 KIP（Kafka Improvement Proposal，Kafka 改进提案）主要解决与跨多个数据中心的 Kafka 集群相关的问题。这个 KIP 的标题是"允许消费者从最近的副本获取数据"。我们一定要时不时地了解最新提出的 KIP，看看 Kafka 是如何以令人兴奋的方式演进的。

在容器环境中，我们可能也会遇到一些类似于在云端遇到的问题。如果 Broker 的内存配置出了问题，新节点上可能就没有数据，除非数据正确地持久化。如果不在沙箱环境中，我们需要为 Broker 配置持久卷，确保数据在容器重启、发生故障或移动时都能保留下来。Broker 实例容器可能会发生变化，但我们可以为它们指定之前使用过的持久卷。

Kafka 应用程序可以使用 StatefulSet API 在 Broker 发生故障或 Pod 发生移动时维护 Broker 的标识。这个静态标识还可用于声明在 Pod 关闭之前使用的持久卷。Helm Charts 可以帮助我们快速开始测试设置（参见 GitHub 网站上的 cp-helm-charts），Confluent for Kubernetes 可以用于管理 Kubernetes（参见 Confluent 文档"Confluent for Kubernetes"）。

关于 Kubernetes 可讨论的东西太多了，但不管在怎样的环境中，都有一些关注点。Broker 在集群中是有标识的，并与相关的数据绑定在一起。为了保持集群健康，Broker 需要能够在发生故障、重启或升级期间标识自己托管的日志。

## 总结

- 我们不仅应该根据业务需求制定数据保留策略，还需要考虑存储成本和数据的增长速度。
- 日志大小和时间长度是设置数据保留策略的基本参数。
- 在 Kafka 之外的存储系统中长期保存数据是长时间保留 Kafka 数据的一种选择。如果在未来有需要，我们可以将数据重新加载到 Kafka 集群中。
- Kafka 快速处理和重放数据的能力让它非常适合用在 Lambda 与 Kappa 架构中。
- 云端和容器工作负载通常涉及"寿命"较短的 Broker 实例，我们需要对数据进行持久化，以确保新创建或重启的实例能够使用这些数据。

# 第 9 章　管理 Kafka——工具和日志

**本章内容：**

■ 基于脚本的管理客户端；

■ REST API、工具和辅助类；

■ 管理 Kafka 和 ZooKeeper 的日志；

■ 查找 JMX 指标；

■ 公开监听器和客户端；

■ 用于添加标头的拦截器。

第 6 章已经深入探讨了 Broker，第 6 章之前的几章讨论了客户端。我们了解了一些适用于大多数情况的开发实践，但总存在一些需要我们特殊处理的环境。保持集群健康运行最好的方法是了解流经集群的数据，并监控它们的活动。管理 Kafka 可能与编写和运行 Java 应用程序不同，但它同样要求我们对日志文件进行监控，并了解工作负载都发生了什么。

## 9.1　管理客户端

到目前为止，我们已经使用 Kafka 自带的命令行工具执行了大部分集群管理操作。一般来说，我们需要熟悉如何在 Shell 环境中安装和设置 Kafka，但除这些脚本之外，我们还可使用其他一些方式。

## 9.1.1 在代码中使用 AdminClient

AdminClient 是一个非常有用的类（参见 Confluent 文档"Class AdminClient"）。尽管 Kafka 自带的 Shell 脚本对于快速访问或执行一次性任务来说非常有用，但是在某些情况下（如进行自动化操作时）Java 类 AdminClient 才是真正的亮点。AdminClient 与生产者和消费者客户端类一样，都位于 kafka-clients.jar 包中。这个 JAR 包可以被拉取到 Maven 项目中（参见第 2 章中的 pom.xml），或者可以在 Kafka 安装目录下的 share/或 libs/子目录中找到。

我们看看如何通过执行之前使用过的命令创建新主题，但这次使用的是 AdminClient。代码清单 9.1 中的命令已经在第 2 章中使用过。

代码清单 9.1 通过命令行创建 kinaction_selfserviceTopic 主题

```
bin/kafka-topics.sh                                       使用 kafka-topic.sh 脚
  --create --topic kinaction_selfserviceTopic \  ◁───   本创建新主题
  --bootstrap-server localhost:9094 \
  --partitions 2 \                      为主题指定分区
  --replication-factor 2                数量和复制系数
```

虽然这条命令很管用，但是我们不希望每次都通过使用它创建新主题。相反，我们将创建一个自助服务，其他开发人员可以通过这个服务在开发集群中创建新主题。这个应用程序的 Web 表单提供了主题名称、分区数量和副本数量输入框。图 9.1 描绘了用户如何设置这些参数。一旦用户提交 Web 表单，自助服务就会通过执行包含 AdminClient 的 Java 代码创建新主题。

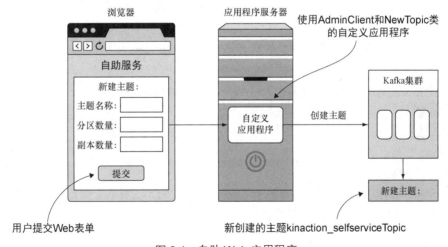

图 9.1 自助 Web 应用程序

我们可以在本例中添加一些逻辑，让新主题的名字符合特定的模式（如果我们有这样的业务需求）。这种方式比使用命令行工具更加灵活。首先，创建一个 NewTopic 类。NewTopic 类的构造函数有 3 个参数：

- 主题名称；
- 分区的数量；
- 副本的数量。

有了这些信息之后，就可以用 AdminClient 创建新主题。AdminClient 以一个 Properties 对象作为参数，这个对象包含我们在其他客户端中使用的属性，如 bootstrap.servers 和 client.id。为方便使用这些属性名，AdminClientConfig 类提供了属性名常量，如 BOOTSTRAP_SERVERS_CONFIG。然后，在客户端中调用 createTopics()方法。注意，结果对象 topicResult 是一个 Future 对象。在代码清单 9.2 中，使用 AdminClient 类创建了一个名为 kinaction_selfserviceTopic 的新主题。

**代码清单 9.2　使用 AdminClient 创建新主题**

```
NewTopic requestedTopic =
  new NewTopic("kinaction_selfserviceTopic", 2,(short) 2);   ◁──   创建 NewTopic 对象，
                                                                    指定主题名称、两个分
AdminClient client =                          创建 AdminClient        区和两个副本
  AdminClient.create(kaProperties);   ◁──     对象
CreateTopicsResult topicResult =              调用客户端的 createTopics()
client.createTopics(                          方法，返回一个 Future 对象
  List.of(requestedTopic));   ◁──┘
  topicResult.values().
    get("kinaction_selfserviceTopic").get();   ◁──   获取创建 kinaction_selfserviceTopic
                                                      主题的 Future 结果
```

这个操作目前还没有同步 API，不过我们可以通过 get()函数实现同步调用。在示例中就计算 topicResult 变量返回的 Future 对象。这个 API 仍在演化中，下面列出了在撰写本书时可以使用 AdminClient 完成的一些常见的集群管理任务（参见 Confluent 文档 "Class AdminClient"）。

- 变更配置。
- 创建、删除、列出访问控制列表（Access Control List，ACL）。
- 创建分区。
- 创建、删除、列出主题。
- 描述、列出消费者组。
- 描述集群。

AdminClient 可以用来为那些不需要或不想使用 Shell 脚本工具的人构建面向用户的应用程序。它还提供一种方法来控制和监控集群操作。

## 9.1.2　kcat

kcat 是一个非常便利的工具，特别是当你需要远程连接到 Kafka 集群时。它不仅提供生产者和消费者客户端的功能，还可以为我们提供集群元数据。如果你想要快速访问 Kafka 中的主

题，但在当前的机器上没有安装完整的 Kafka 工具，那么这个可执行工具可以作为那些 Shell 或 bat 脚本的替代品。

代码清单 9.3 演示了如何使用 kcat 将数据放入 Kafka 主题（参见 GitHub 上的 "kcat"），并将它与在第 2 章中使用的 kafka-console-producer.sh 脚本进行比较。

---

**代码清单 9.3　使用 kcat 生产者**

```
kcat -P -b localhost:9094 \
 -t kinaction_selfserviceTopic         指定 Broker 和主题，并
                                        将消息写入这个主题

// 与之前使用的脚本进行比较
bin/kafka-console-producer.sh --bootstrap-server localhost:9094 \
  --topic kinaction_selfserviceTopic          提供相同功能的控
                                               制台生产者
```

---

在代码清单 9.3 中，我们为 kcat 指定了参数-P，用于启用生产者模式，生产者将负责向集群发送消息。我们使用-b 参数指定 Broker 列表，使用-t 参数指定目标主题的名称。因为我们还需要测试如何消费这些消息，所以我们还需要将 kcat 作为消费者（见代码清单 9.4）。与之前一样，代码清单 9.4 对 kcat 命令与 kafka-console-consumer 命令进行了比较。注意，我们通过-C 参数启用了消费者模式，但与 Broker 相关的信息仍然使用相同的参数指定。

---

**代码清单 9.4　将 kcat 作为消费者**

```
kcat -C -b localhost:9094 \              指定 Broker 和主题，并
 -t kinaction_selfserviceTopic          从这个主题读取消息

// 与之前使用的脚本进行比较
bin/kafka-console-consumer.sh --bootstrap-server localhost:9094 \
  --topic kinaction_selfserviceTopic          提供相同功能的控
                                               制台消费者
```

---

kcat 可用于快速测试主题和收集集群元数据，所以我们可以把它加到工具箱中。此时，你可能想知道是否还有其他非命令行的工具。答案是有！Confluent 为那些喜欢 REST 的人提供了 REST Proxy。

## 9.1.3　Confluent REST Proxy API

有时候，用户可能更喜欢使用 REST API，因为它是应用程序之间常见的一种通信方式，不管是因为偏好，还是因为易用性。另外，一些制定了严格防火墙规则的公司可能会谨慎对外开放端口，例如，到目前为止我们连接 Broker 所使用的端口（如 9094，参见 Confluent 文档 "Kafka Security & the Confluent Platform"）。我们可以考虑使用 Confluent REST Proxy API（见图 9.2）。这个代理是一个独立的应用程序，它可以运行在独立的服务器上，功能类似于前面介绍的 kcat。

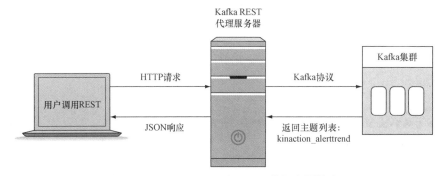

图 9.2　Confluent REST Proxy 获取主题信息

在撰写本书时，Confluent REST Proxy 的管理功能仅限于查询集群状态。在 Confluent 的文档中，其他管理功能被列为未来支持的特性（参见 Confluent 文档"Confluent REST APIs: Overview: Features"）。要使用 REST Proxy，我们需要先启动它，如代码清单 9.5 所示。在启动 REST Proxy 之前，我们需要确保已经有正在运行的 ZooKeeper 和 Kafka 实例。

**代码清单 9.5　启动 REST Proxy**

```
bin/kafka-rest-start.sh \                    在 Kafka 安装目录下运行这个
  etc/kafka-rest/kafka-rest.properties        命令来启动 REST 端点
```

我们已经知道如何列出主题信息，在代码清单 9.6 中，我们将使用 curl 命令访问 HTTP 端点以获取同样的信息（参见 Confluent 文档"REST Proxy Quick Start"）。因为这是一个 GET 请求，所以我们可以将 http://localhost:8082/topics 复制到浏览器的地址栏中，并查看结果。

**代码清单 9.6　用 curl 向 REST Proxy 发送请求获取主题信息**

```
curl -X GET \
 -H "Accept: application/vnd.kafka.v2+json" \        指定格式和版本
 localhost:8082/topics          /topics 是我们的目标端点，用于列出
                                 已创建的主题和 Kafka 的内部主题
// 输出
["__confluent.support.metrics","_confluent-metrics",
➥ "_schemas","kinaction_alert"]          curl 命令的输出
                                          示例
```

在使用 curl 时，我们可以控制随请求一起发送的标头。在代码清单 9.6 中，我们通过 Accept 标头告诉 Kafka 集群我们使用的格式和版本。我们指定 API 的版本为 v2，元数据请求的格式为 JSON。

注意：因为这个 API 还在不断演化中，所以请读者关注"Confluent REST Proxy API Reference"，新版本将提供更多的特性。

## 9.2　将 Kafka 作为 systemd 服务运行

在运行 Kafka 时，我们需要决定如何启动和重启 Broker。那些习惯使用 Puppet 将服务器作为 Linux 服务来管理的人可能也很熟悉如何安装服务单元文件，并基于这些知识使用 systemd 创建服务实例。systemd 负责初始化和维护系统组件（参见 Confluent 文档 "Using Confluent Platform Systemd Service Unit Files"）。将 ZooKeeper 和 Kafka 作为 systemd 服务单元是一种常见的做法。

在代码清单 9.7 中，我们将 ZooKeeper 作为系统服务单元。如果发生异常退出，ZooKeeper 会重新启动。在实际操作中，这相当于对进程 PID（Process ID，PID）执行 kill -9 命令，触发进程重启。如果你安装了 Confluent 的 TAR 包（如有需要，请参阅附录 A），就可以看到一个服务单元示例文件 lib/systemd/system/confluent-zookeeper.service。文档 "Using Confluent Platform Systemd Service Unit Files" 将告诉我们如何使用这些文件，文档中的服务单元文件的启动方式应该与在示例中启动 ZooKeeper 的方式类似。

---

**代码清单 9.7　ZooKeeper 服务单元文件**

```
...
[Service]
...
ExecStart=/opt/kafkainaction/bin/zookeeper-server-start.sh      ← 启动 ZooKeeper 的命令（与手动
➥ /opt/kafkainaction/config/zookeeper.properties                   启动 ZooKeeper 的命令类似）

ExecStop=
  /opt/kafkainaction/bin/zookeeper-server-stop.sh     ← 关闭 ZooKeeper
Restart=on-abnormal    ← 如果出现错误，执             实例
...                       行 ExecStart
```

---

Confluent 的 TAR 包中也有一个 Kafka 服务示例单元文件 lib/Systemd/system/confluent-kafka.service。在代码清单 9.8 中，因为已经定义了服务单元文件，所以我们可以使用 systemctl 命令来启动服务。

---

**代码清单 9.8　使用 systemctl 启动 Kafka**

```
sudo systemctl start zookeeper      ← 启动 ZooKeeper 服务
sudo systemctl start kafka          ← 启动 Kafka 服务
```

---

如果你正在使用 Confluent 包提供的示例文件，在解压后的根目录../lib/systemd/system 中可以看到用于其他服务的示例文件，包括 Connect、Schema Registry 和 REST API 等。

## 9.3　日志

除保存在 Kafka 中的事件数据之外，我们还需要了解 Kafka 自己生成的应用程序日志。本

节所描述的日志不是保存在 Kafka 中的事件和消息，而是 Kafka 自己生成的数据。当然，我们不要忘了还有 ZooKeeper 的日志！

## 9.3.1　Kafka 的应用程序日志

我们可能已经习惯了整个应用程序使用一个日志文件，但 Kafka 使用了多个日志文件，在进行故障排除时我们可能需要查看这些文件。因为有多个文件，所以我们可能需要使用不同的 Log4j Appender 来维护不同的日志视图。

**使用哪个 Kafka Appender？**

kafkaAppender 和 KafkaAppender 不是一回事。要将 KafkaLog4jAppender 作为 Kafka 日志的 Appender，我们需要替换 org.apache.log4j.ConsoleAppender 类，并加入客户端依赖项和包含 Appender 的同版本 JAR 包。

```
log4j.appender.kafkaAppender=
  org.apache.kafka.log4jappender.KafkaLog4jAppender

<dependency>
    <groupId>org.apache.kafka</groupId>
    <artifactId>kafka-log4j-appender</artifactId>
    <version>2.7.1</version>
</dependency>
```

这种方式可以直接将应用程序日志放入 Kafka 主题。除此之外，我们还可以先解析日志文件，再将解析出来的内容发送到 Kafka。

默认情况下，不断把新生成的服务器日志添加到目录中。这些日志不会删除，如果需要使用这些文件进行审计或故障诊断，那么这可能就是首选的行为。如果想要控制日志的数量和大小，最简单的方法是在启动 Broker 之前修改 log4j.properties 配置文件。在代码清单 9.9 中，我们为 kafkaAppender 设置了两个重要的属性——MaxFileSize 和 MaxBackupIndex（参见 Apache Software Foundation 网站上的"Class RollingFileAppender"）。

**代码清单 9.9　Kafka 服务器日志配置**

```
log4j.appender.kafkaAppender.MaxFileSize=500KB     ◀── 设置单个日志文件大小，在
log4j.appender.kafkaAppender.MaxBackupIndex=10     ◀──   达到阈值时创建新文件
```
设置要保留的旧文件数量，如果需要较多的文件用于故障诊断，可以设置较大的数值

注意，修改 kafkaAppender 只会改变 server.log 文件的处理方式。如果我们还需要为其他日志文件指定不同的大小和数量，可以根据表 9.1 中的内容决定修改哪个 Appender。在表 9.1 中，

左边的 Appender 名称是日志的键，它们将影响其右边对应的日志文件在 Broker 上是如何保存的（参见 GitHub 上的 log4j.properties）。

表 9.1　Appender 与日志文件名

| Appender 名称 | 日志文件名 |
|---|---|
| kafkaAppender | server.log |
| stateChangeAppender | state-change.log |
| requestAppender | kafka-request.log |
| cleanerAppender | log-cleaner.log |
| controllerAppender | controller.log |
| authorizerAppender | kafka-authorizer.log |

要让 log4j.properties 的更改生效，需要重启 Broker。因此，如果有可能，最好在第一次启动 Broker 之前就确定好日志记录需求。我们还可以通过 JMX 修改配置值，但通过这种方式配置的值在 Broker 重启之后会消失。

本节重点介绍 Kafka 日志。除此之外，我们也需要关注 ZooKeeper 的日志。因为 ZooKeeper 也会像 Broker 一样运行并记录日志，所以我们也需要关注这些服务器的日志输出。

## 9.3.2　ZooKeeper 的日志

我们可能也需要修改 ZooKeeper 的日志配置文件，具体取决于我们是如何安装和管理 ZooKeeper 的。默认情况下，ZooKeeper 不会删除日志文件，Kafka 已经默认自动添加了这个特性。如果你按照附录 A 中的方法安装本地 ZooKeeper 节点，可以在 config/zookeeper.properties 文件中设置这些属性。无论选择哪种方式，我们都要确保 ZooKeeper 应用程序日志的保留策略可以通过以下配置属性控制，这些也是我们进行故障诊断所需要的。

- autopurge.purgeInterval——表示触发清除操作的时间间隔，以小时为单位。这个属性要设置为大于 0 的值才会触发清除操作（参见 Confluent 文档"Running ZooKeeper in Production"）。

- autopurge.snapRetainCount——表示 dataDir 和 dataLogDir 目录下的快照与相关事务日志的数量。一旦快照数量超过这个配置值，较旧的日志文件就会被删除。具体保留多少个可以根据需要设置。例如，如果日志只用于故障诊断，那么需要保留的数量应该比审计所需的少。

- snapCount——表示 ZooKeeper 将事务记录到事务日志中。这个属性决定了一个文件可以记录多少个事务。如果总文件数会给磁盘空间造成压力，我们需要将这个属性的值设置为小于默认值（100000）的数（参见 Apache Software Foundation 网站上的 "ZooKeeper Administrator's Guide"）。

　　除 Log4j 之外，我们还可以考虑使用其他的日志轮换和清理方案。例如，logrotate 就是一个可以用于轮换和压缩日志的工具。

　　维护日志文件是一项重要的管理任务。除此之外，在对外发布一个新的 Kafka 集群时，我们还需要考虑其他任务，例如，确保客户端能够连接到集群中的 Broker。

## 9.4　防火墙

　　根据网络配置情况，我们可能需要为网络内部和外部的客户端提供服务（参见 Confluent 文档"Kafka Security & the Confluent Platform"）。Kafka Broker 可以监听多个端口。例如，9092 是默认的明文端口，我们还可以在同一台主机上设置 SSL 端口 9093。这两个端口可能都需要打开，具体取决于客户端是如何连接到 Broker 的。

　　此外，ZooKeeper 的客户端连接端口是 2181 端口。ZooKeeper 跟随者节点使用 2888 端口连接首领节点，3888 端口也用于 ZooKeeper 节点之间的通信（参见 Apache Software Foundation 网站上的"ZooKeeper Getting Started Guide"）。如果需要远程连接 JMX 或其他 Kafka 服务（如 REST Proxy），我们还需要考虑为其他环境或用户提供这些端口。通常，在使用命令行工具时，如果 ZooKeeper 或 Kafka 服务器主机名末尾带端口，我们也需要确保这些端口可以访问，特别是在有防火墙的情况下。

　　在使用 listeners 和 advertised.listeners 属性连接服务器时经常会遇到一个看似与防火墙有关的问题。客户端需要使用正确的主机名（如果指定了主机名）连接服务器，无论设置了怎样的防火墙规则，主机都必须是可访问的。例如，我们看一下 listeners 和 advertised.listeners 之间的不同。它们设置的值可能是不一样的。

　　假设我们正在连接一个 Broker，并且我们可以在客户端启动时而不是在准备消费消息时建立连接。那么这个过程为什么会表现出不一致的行为呢？客户端在启动时连接到任意一个 Broker，并获取集群 Broker 的元数据。初始连接使用的是 listeners 指定的信息，在接下来要连接的客户端，它返回 advertised.listeners 指定的信息（参见 R. Moffatt 的文章"Kafka Listeners-Explained"）。因此，客户端很可能需要连接到另一台主机来完成后续的工作。

　　如图 9.3 所示，客户端在第一次连接时使用了一个主机名，在第二次连接时使用了另一个主机名。第二个主机名是第一次连接时返回给客户端的。

　　另一个重要的配置属性是 inter.broker.listener.name，它决定了集群里的 Broker 是如何相互连接的。如果 Broker 不能相互连接，数据复制就会失败，集群就无法保持健康的状态。如果你想深入了解更多细节，可以看看 Robin Moffatt 的文章"了解 Kafka 监听器"。这篇文章对 Kafka 的公开监听器做了非常棒的解释。图 9.3 中的灵感来自 Robin Moffatt 在这篇文章中所画的插图。

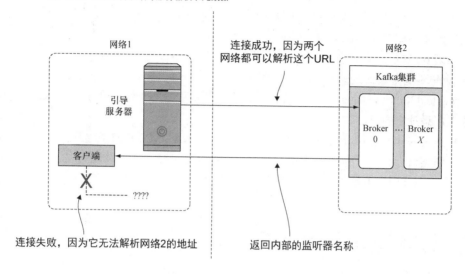

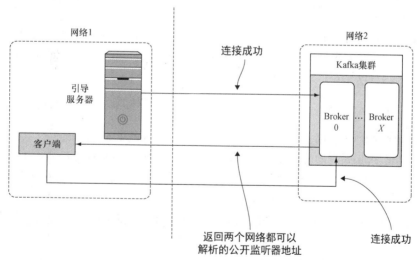

图 9.3　advertised.listeners 与 listeners 的对比情况

## 9.5　指标

第 6 章介绍了一种查看应用程序 JMX 指标的方法。能够看到指标只是第一步，接下来，我们看看如何找到我们关心的一些指标。

我们可以使用 GUI 工具来了解有哪些可用的指标。VisualVM 就是一个很好的例子。了解有哪些可用的 JMX 指标有助于我们发现需要设置哪些关键的警报。在安装 VisualVM 之前，请确保已经按步骤安装了 MBeans Browser。

正如第 6 章提到的，我们必须为每个想要连接的 Broker 定义 JMX_PORT。这可以通过在终端中设置环境变量实现，例如，export JMX_PORT=49999（参见 Confluent 文档"Kafka Monitoring and Metrics Using JMX"）。你需要确保设置的变量对于每个 Broker 和每个 ZooKeeper 节点来说都是独立的。

远程连接 Kafka Broker 的另一种方式是设置 KAFKA_JMX_OPTS 变量。注意，指定正确的主机名和端口。在代码清单 9.10 中，我们为 KAFKA_JMX_OPTS 指定了多个参数，端口是 49999，主机名是回送地址，我们可以在没有启用 SSL 的情况下进行连接，并且不需要进行身份验证。

---

**代码清单 9.10　Kafka JMX 选项**

```
KAFKA_JMX_OPTS="-Djava.rmi.server.hostname=127.0.0.1      ← 暴露 JMX 端口
   -Dcom.sun.management.jmxremote.local.only=false        ← 设置 RMI 服务器主机名
   -Dcom.sun.management.jmxremote.rmi.port=49999          ← 允许远程连接
   -Dcom.sun.management.jmxremote.authenticate=false       关闭身份验证和 SSL 检查
   -Dcom.sun.management.jmxremote.ssl=false"
```

接下来，我们看一个关键的 Broker 指标，以及如何在图 9.4 的帮助下找到这个指标的值。在图 9.4 中，我们通过一个 MBeans 查看 UnderReplicatedPartitions 指标的值。我们可以使用以下形式逐步浏览以 kafka.server 开头的看起来像文件夹结构一样的内容。

```
kafka.server:type=ReplicaManager, name=UnderReplicatedPartitions
```

我们可以找到名称属性为 UnderReplicatedPartitions 的 ReplicaManager 类型。图 9.4 还显示了另一个指标 RequestQueueSize（参见 Confluent 文档"Monitoring Kafka: Broker Metrics"）。现在，我们已经知道了如何浏览指标的值，接下来我们将详细介绍服务器端最重要的一些内容。

如果你使用的是 Confluent Control Center 或 Confluent Cloud，这些指标中的大部分将用在内置的监控中。Confluent 平台建议从为这 3 个最重要的指标——UnderMinIsrPartitionCount、UnderReplicatedPartitions 和 UnderMinIsr 设置警报开始。

在 9.6 节中，我们将通过使用拦截器深入探究另一种监控方式。

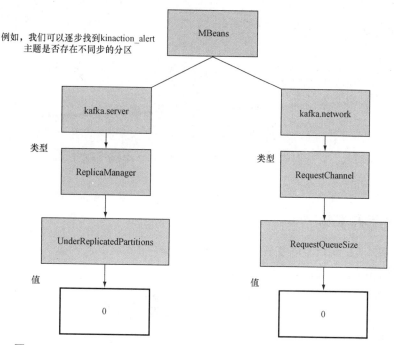

图 9.4　UnderReplicatedPartitions 和 RequestQueueSize 指标的位置

## 9.6　跟踪

到目前为止，这些内置指标可以很好地为我们提供当前集群健康状况的快照，但如果我们想要跟踪单个消息在系统中的流向该怎么办？我们可以使用什么查看生成的消息及其被消费的状态？我们看一个简单的模型，它可能可以满足我们的需求。

假设我们有一个生产者，它生成的每一个事件都有唯一 ID。因为每一条消息都很重要，所以我们不想丢失任何一条消息。一个消费者客户端正常执行它的业务逻辑并消费主题里的消息。对于这种情况，我们可以将已处理的事件 ID 记录到数据库或文件中。同时，我们使用另一个独立的审计消费者从同一主题读取消息，确保第一个消费者没有丢失事件。虽然这个过程可以正常进行，但是我们需要在应用程序中添加额外的逻辑，因此它可能不是最佳的选择。

图 9.5 描绘了另一种使用 Kafka 拦截器的跟踪方法。在实际当中，定义的拦截器会向生产者、消费者或二者添加额外的逻辑。在将拦截器添加到客户端的处理流程中，它们会拦截消息，并在消息沿着正常路径移动之前添加自定义数据。我们对客户端的修改是通过配置实现的，并且大部分自定义逻辑位于客户端之外。

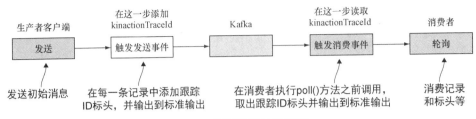

图 9.5 用于跟踪的拦截器

第 4 章简要介绍了生产者拦截器，现在我们回顾一下拦截器的概念。通过在生产者和消费者客户端中添加拦截器，我们可以将监控逻辑与应用程序逻辑分离开来。我们可以通过这种方式将监控的关注点封装起来。

## 9.6.1 生产者逻辑

有趣的是，我们可以使用多个拦截器，所以没有必要将所有逻辑都放在一个类中。我们可以随时添加和移除拦截器。不过拦截器的顺序很重要，因为拦截器的顺序也就是逻辑执行的顺序。第一个拦截器拦截生产者客户端的记录，如果这个拦截器对记录做了修改，那么其他拦截器看到的记录就与这个拦截器看到的记录不一样（参见 Apache Software Foundation 网站上的"Interface ProducerInterceptor"）。

我们先看一下 Java 中的 ProducerInterceptor 接口。我们将把这个新拦截器添加到在第 4 章使用的警报生产者中。我们将创建一个叫作 AlertProducerMetricsInterceptor 的类，并添加与警报相关的逻辑，如代码清单 9.11 所示。这个类实现了 ProducerInterceptor 接口，我们可以将其加到生产者的拦截器生命周期中。普通生产者客户端的 send() 方法将调用 onSend() 方法并执行它的逻辑。

在代码清单 9.11 中，我们还将添加了一个叫作 kinactionTraceId 的标头。使用唯一 ID 有助于在消费者客户端确认它所看到的消息与开始时生成的消息是否相同。

**代码清单 9.11 AlertProducerMetricsInterceptor 示例**

```
public class AlertProducerMetricsInterceptor
  implements ProducerInterceptor<Alert, String> {        ← 实现 ProducerInterceptor 接口，
                                                            并将其加到拦截器生命周期中
  final static Logger log =
    LoggerFactory.getLogger(AlertProducerMetricsInterceptor.class);

  public ProducerRecord<Alert, String>                   生产者客户端的 send()
    onSend(ProducerRecord<Alert, String> record) {    ← 方法调用 onSend()方法
    Headers headers = record.headers();
    String kinactionTraceId = UUID.randomUUID().toString();
    headers.add("kinactionTraceId",                      将自定义跟踪 ID 标头
                kinactionTraceId.getBytes());        ← 添加到记录中
```

```
log.info("kinaction_info Created kinactionTraceId: {}", kinactionTraceId);
return record;        返回包含新标头的
}                     记录
                                          在确认或发生错误时调用
public void onAcknowledgement(            onAcknowledgement()方法
  RecordMetadata metadata, Exception exception)
{
  if (exception != null) {
    log.info("kinaction_error " + exception.getMessage());
  } else {
    log.info("kinaction_info topic = {}, offset = {}",
             metadata.topic(), metadata.offset());
  }
}

  // 省略了其他代码
}
```

为了注册新的拦截器，我们需要修改已有的 AlertProducer 类。我们需要在生产者配置信息中添加 interceptor.classes 属性，它的值为拦截器类 AlertProducerMetricsInterceptor 的全限定名。为了便于说明，我们直接使用了属性名，但请记住，我们也可以使用 ProducerConfig 类提供的常量。在本例中，我们可以使用 ProducerConfig.INTERCEPTOR_CLASSES_CONFIG。代码清单 9.12 列出了需要修改的地方。

**代码清单 9.12　为 AlertProducer 设置拦截器**

```
Properties kaProperties = new Properties();
...
kaProperties.put("interceptor.classes",                   设置拦截器(值可以是一个类名
  AlertProducerMetricsInterceptor.class.getName());       或逗号分隔的多个类名)

Producer<Alert, String> producer =
  new KafkaProducer<Alert, String>(kaProperties);
```

在这个示例中，拦截器为每一条消息添加并记录了唯一 ID。我们将唯一 ID 作为标头添加到消息中，当消费者读取到这些消息时，相应的消费者拦截器将记录已处理的 ID。我们的目标是在 Kafka 之外实现自己的端到端监控。通过解析应用程序日志，我们将看到代码清单 9.13 所示的消息，这些消息来自 AlertProducerMetricsInterceptor 类。

**代码清单 9.13　警报拦截器的输出**

```
kinaction_info Created kinactionTraceId:
  603a8922-9fb5-442a-a1fa-403f2a6a875d
kinaction_info topic = kinaction_alert, offset = 1     生产者拦截器
                                                       添加的 ID
```

## 9.6.2　消费者逻辑

我们已经实现了用于发送消息的拦截器。现在，我们需要看看如何在消费者客户端实现类

似的逻辑。我们想要验证是否可以看到由生产者拦截器添加的标头。在代码清单 9.14 中，我们实现了一个用于获取自定义标头的 ConsumerInterceptor（参见 Apache Software Foundation 网站上的"Interface ConsumerInterceptor"）。

代码清单 9.14　AlertConsumerMetricsInterceptor 示例

```
public class AlertConsumerMetricsInterceptor
  implements ConsumerInterceptor<Alert, String> {            ← 实现 ConsumerInterceptor
                                                               接口
  public ConsumerRecords<Alert, String>
    onConsume(ConsumerRecords<Alert, String> records) {
      if (records.isEmpty()) {
        return records;
      } else {
        for (ConsumerRecord<Alert, String> record : records) {
          Headers headers = record.headers();            ← 遍历每一条记录的标头
          for (Header header : headers) {
            if ("kinactionTraceId".equals(
                header.key())) {                         ← 将自定义标头输出到标准输出
              log.info("KinactionTraceId is: " + new String(header.value()));
            }
          }
        }
      }
    return records;            ← 返回记录，让拦截器的
    }                            调用者可以继续执行
}
```

在代码清单 9.15 中，我们使用 ConsumerInterceptor 接口创建新的拦截器。我们遍历所有的记录及其标头，找到以 kinactionTraceId 作为键的记录，并将它们输出到标准输出。为了注册新的拦截器，我们还修改了已有的 AlertConsumer 类。我们需要在消费者配置信息中添加 interceptor.classes 属性，它的值为拦截器类 AlertConsumerMetricsInterceptor 的全限定名。代码清单 9.15 列出了这个必要的步骤。

代码清单 9.15　为 AlertConsumer 设置拦截器

```
public class AlertConsumer {

Properties kaProperties = new Properties();
...                                                      设置新的 group.id, 从当前的偏移
kaProperties.put("group.id",                             量开始读取记录（不使用之前的
              "kinaction_alertinterceptor");    ←        group.id）
kaProperties.put("interceptor.classes",          ←       通过这个属性添加
  AlertConsumerMetricsInterceptor.class.getName());       自定义拦截器

...

}
```

如果需要使用多个拦截器类，我们可以指定由逗号分隔的多个类名。为了便于说明，我们

直接使用了属性名，但请记住，我们也可以使用 ConsumerConfig 类提供的常量。在本例中，我们可以使用 ConsumerConfig.INTERCEPTOR_CLASSES_CONFIG。我们已经知道如何在数据流的两端使用拦截器。除此之外，还有一种为客户端添加额外功能的方法——覆盖客户端。

### 9.6.3 覆盖客户端

如果我们有权限修改其他开发者的客户端源代码，我们就可以继承已有的客户端或通过实现 Kafka 生产者或消费者接口创建我们自己的客户端。在撰写本书时，Brave 项目已经提供了一个可以跟踪数据的客户端示例。

Brave 是一个旨在增强分布式跟踪能力的库，它能够将数据发送给某些服务器，如 Zipkin，Zipkin 可以收集和搜索这些数据。感兴趣的读者可以看一下 TracingConsumer 类，了解如何为 Kafka 客户端添加额外的功能。

我们可以为生产者和消费者客户端添加装饰，为它们添加跟踪能力（或其他自定义逻辑）。在下面的示例中，我们将重点关注消费者客户端。代码清单 9.16 是一段伪代码，它用于将自定义逻辑添加到普通的 Kafka 消费者客户端中。想要使用自定义逻辑来消费消息的开发人员可以直接使用 KInActionCustomConsumer 类，它包含一个叫作 normalKafkaConsumer（在自定义消费者客户端中）的普通消费者客户端引用。添加自定义逻辑是为了在使用普通客户端交互能力的同时实现额外的行为。自定义消费者客户端会在背后调用普通客户端。

代码清单 9.16　自定义消费者客户端

```
final class KInActionCustomConsumer<K, V> implements Consumer<K, V> {
...
  final Consumer<K, V> normalKafkaConsumer;          ◁── 在自定义消费者客户端中
                                                           使用普通消费者客户端
  @Override
  public ConsumerRecords<K, V> poll(          ◁── 消费者仍然调用常
    final Duration timeout)                        规的接口方法
  {
    // 自定义逻辑              ◁── 添加自定义逻辑
    // 普通的 Kafka 消费者正常使用
    return normalKafkaConsumer.poll(timeout);    ◁── 通过普通消费者客户
                                                      端提供常规行为
  }
...
}
```

在代码清单 9.16 中，一行注释告诉我们自定义逻辑所在的位置，如果有必要，用户可以不调用普通客户端，只执行自定义代码，如检查重复的数据提交或记录标头中的跟踪数据。自定义行为不影响普通客户端的行为。

## 9.7 通用的监控工具

因为 Kafka 是一个 Scala 应用程序，所以我们可以使用 JMX 和 Yammer Metrics 库。Yammer Metrics 库用于在应用程序中提供 JMX 指标，我们已经看到了一些可用的选项。随着 Kafka 用户的增加，有一些工具不仅利用 JMX 指标，还利用与管理相关的命令和其他技术来管理 Kafka 集群。下面列出的工具并不是一个完整的清单，而且它们的功能可能会随着时间的推移发生变化。不管怎样，我们看一些你可能感兴趣的工具。

Apache Kafka 集群管理器（Cluster Manager for Apache Kafka，CMAK）曾经叫作 Kafka 管理器，是雅虎维护的一个项目（项目参见 GitHub 网站），专注于管理 Kafka，为各种管理操作提供 UI。它的一个关键特性是可以管理多个集群，其他特性包括检查整个集群的状态和进行分区重分配。这个工具还支持使用 LDAP 对用户进行身份验证，这对于一些有安全需求的项目来说会很有用（参见 GitHub 网站上的"Yahoo CMAK README.md"）。

Cruise Control 由 LinkedIn 推出，LinkedIn 的 Kafka 集群中有数千个 Broker，所以 LinkedIn 有大量运行 Kafka 集群的经验，多年来帮助解决了 Kafka 的一些痛点。这个工具提供 REST API 和 UI。对于我们来说，Cruise Control 最有趣的特性是它可以监控集群，并根据工作负载生成再均衡建议。

Confluent Control Center 是另一个可以帮助我们监控和管理 Kafka 集群的 Web 工具。但注意，它目前提供的是商业版本，我们需要获得许可才能将它用在生产环境中。如果你已经订阅了 Confluent 平台，就没有理由不了解一下它。这个工具提供仪表盘和多种外部连接器，可以帮助我们识别出消息故障和网络延迟。

总的来说，Kafka 为我们提供了很多管理和监控集群的选项。运行分布式系统是一个巨大的挑战，你获得的经验越多，你的监控技能和实践就会得到越多的改进。

## 总结

- 除 Kafka 提供的 Shell 脚本之外，我们还可以使用管理客户端和 API 执行重要的管理任务，如创建主题。
- 开发人员可以使用 kcat 和 Confluent REST Proxy API 等工具与集群发生交互。
- Kafka 在核心部分使用了客户端数据日志。除此之外，还有各种特定于 Broker 的日志。我们需要管理好这些日志（和 ZooKeeper 日志），以便在需要时为故障诊断提供详细的信息。
- 理解了 Kafka 的公开监听器，也就明白了为什么客户端连接会出现不一致的行为。
- Kafka 通过 JMX 提供指标。我们可以查看客户端（生产者和消费者）与 Broker 的指标。
- 我们可以使用生产者拦截器和消费者拦截器实现横切关注点，例如，我们可以通过添加跟踪 ID 来监控消息的传递。

# Kafka 进阶

第三部分将介绍如何进一步使用 Kafka，这些内容超越了第二部分介绍的 Kafka 核心知识。在本部分中，我们不仅拥有一个可读写数据的 Kafka 集群，还添加了更多的内容，包括安全性、数据 Schema 和其他 Kafka 产品。

- 在第 10 章中，我们将通过 SSL、ACL 和配额等方式提升 Kafka 集群的安全性。
- 第 11 章将深入探讨 Schema Registry，以及如何用它实现兼容的数据演化。
- 第 12 章将介绍 Kafka Streams 和 ksqlDB。

这些都是 Kafka 生态系统的一部分，是建立在第二部分介绍的核心组件之上的更高层次的抽象内容。阅读完本部分的内容，你就可以更深入地研究更高级的 Kafka 主题，甚至能够在日常工作中更好地使用 Kafka。

# 第 10 章　保护 Kafka

本章内容：

- 安全性基础和相关术语；
- 集群和客户端之间的 SSL（Secure Socket Layer，安全套接字层）连接；
- 访问控制列表（Access Control List，ACL）；
- 用于限制资源请求的网络带宽配额和请求速率配额。

本章将重点介绍如何保护 Kafka 中的数据，只让那些需要读取或写入数据的应用程序有访问数据的权限。安全性是一个非常大的话题，本章将讨论一些基本的概念，让你对 Kafka 的安全选项有一个总体的了解。本章不会讲述如何提高安全性，而会讲解一些不同的选项，让你可以在未来与安全团队讨论安全策略，并帮助你熟悉这些概念。当然，这并不是一份完整的安全指南，但它将为你奠定了解 Kafka 安全性的基础。我们将讨论我们可以采取哪些实际的措施让集群更加安全，并讲解它们对客户端、Broker 和 ZooKeeper 的影响。

你的数据可能不需要我们即将讨论的这些保护措施，但了解数据是决定是否需要进行访问控制的关键。如果你的数据中包含个人信息或财务数据，如出生日期或信用卡号码，那么你可能需要了解本章中所讨论的大多数安全选项。当然，如果你只处理一般性的信息，如营销活动数据，或者你不跟踪任何具有安全属性的信息，那么你可能就不需要这些保护措施，你的集群也就不需要引入 SSL 等特性。我们将从一个我们想要保护的虚构数据示例开始讲解。

假设我们在参加一个寻宝活动，目标是找到隐藏奖品的地方。共有两个团队，我们不希望另一个团队知道我们团队的工作内容。在开始时，每个团队都选择了一个主题名称，并只让自己的团队成员知道。如果另一个团队不知道你读取和写入的主题名称，他们就看不到你的数据。每个团队都把线索发送到私有的主题上。随着时间的推移，团队成员可能开始好奇另一个团队的进展，想知道他们是否有自己没有掌握的线索。这时麻烦就来了。图 10.1 描绘了 Clueful团队和 Clueless 团队的 Kafka 主题。

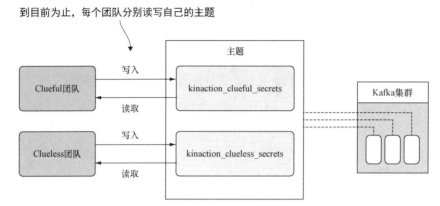

图 10.1  Clueful 团队和 Clueless 团队的 Kafka 主题

其中一个团队的一名选手是个技术能手，碰巧之前用过 Kafka，他用命令行工具查找 Kafka中的主题（另一个团队的和他们自己的）。在获得主题清单后，他就知道了对方的主题名称。我们假设 Clueless 团队成员看到了 Clueful 团队的主题 kinaction_clueful_secrets。值得高兴的是，我们只需要一个消费者控制台命令就能列出 Clueful 团队到目前为止的所有数据！但这个选手没有止步。

为了迷惑 Clueful 团队，这位选手在主题中写入了假消息。现在，Clueful 团队的主题中有了坏数据，这给他们寻找线索的过程造成了麻烦！因为不确定这些消息是谁写入的，Clueful团队现在必须确定哪些是假消息，但这么做会失去宝贵的时间，这些时间本来可以用来找出奖品的位置。

我们该如何避免 Clueful 团队所面临的情况？是否有一种方法可以只让有权限的客户端读取或写入我们的主题？我们的解决方案可以分为两个部分。第一部分是如何加密数据，第二部分是如何知道访问者是谁，而且不仅要知道是谁，还要确保其身份得到了验证。在对用户进行验证后，我们需要知道他们可以在我们的系统中做些什么。我们将通过了解 Kafka 提供的一些解决方案深入学习这些话题。

## 10.1  安全性基础

你可能会在工作的某个时刻遇到与应用程序安全性相关的加密、身份验证和授权等问题。接下来，我们仔细了解一下这些术语。

　　加密并不意味着其他人看不到你的消息，而是即使他们看到了，也无法获得被保护的原始内容。很多人会联想到他们被鼓励在 Wi-Fi 网络环境中通过安全连接（HTTPS）进行在线购物。稍后，我们的通信通道也将启用 SSL，但不是在网站和计算机之间，而是在客户端和 Broker 之间！在本章中，我们将在示例和解释中使用"SSL"作为主要的属性名称，尽管 TLS（Transport Layer Security，传输层安全）协议才是较新的协议版本（参见 Confluent 文档"Encryption and Authentication with SSL"）。

　　接下来，我们讨论一下身份验证。为了验证用户或应用程序的身份，我们需要一种验证方法，用于证明用户或应用程序确实是他们所声称的那个实体。例如，如果你想办一张图书馆借书证，图书馆是否会在没有确认申请人身份的情况下发放借书证？在大多数情况下，图书馆会用身份证来确认申请人的姓名和地址。这个过程是为了确保申请人不能轻易盗用他人身份来达到自己的目的。如果有人盗用你的身份借书并且不归还，罚单就会寄到你家，此时你就会感受到不对用户身份进行验证的坏处。

　　授权关注的是用户可以做什么。继续以图书馆借书证为例，发放给成年人的借书证的权限与发放给儿童的借书证的可能不一样。另外，可能仅限于在图书馆的终端上查阅在线出版物。

## 10.1.1　用 SSL 加密

　　到目前为止，本书中所有的 Broker 都只支持明文（参见 Confluent 文档"Encryption and Authentication with SSL"），没有启用身份验证或加密。为此，我们看一下 Broker 的服务器配置。如果你看一下目前任意一台服务器的 server.properties 配置文件（参考附录 A，可以找到 config/server0.properties 文件的位置），你会找到类似于 listeners = PLAINTEXT:localhost//:9092 这样的配置。实际上，这个监听器提供了协议与 Broker 端口的映射关系。因为 Broker 支持多个端口，所以我们可以在保持 PLAINTEXT 端口正常运行的同时测试一下在其他端口上添加 SSL 或其他协议。同时使用两个端口有助于我们更顺利地从明文切换到安全协议（参见 Confluent 文档"Adding Security to a Running Cluster"）。图 10.2 描绘了使用明文和 SSL 的示例。

　　到目前为止，我们没有为集群启用任何安全机制。幸运的是，我们可以通过在集群中添加各种安全组件增强对抗其他团队的能力。我们可以直接在 Broker 和客户端之间启用 SSL，不需要额外的服务器或目录，也不需要修改客户端代码，只需要修改一些配置即可。

　　我们不知道其他用户是否使用了先进的工具来监听同一个 Wi-Fi 网络上的流量，我们只知道我们不想让 Broker 向客户端发送明文消息。虽然下面介绍的配置是提升 Kafka 安全性所必需的，但是过去（尤其是在 Java 开发中）使用过 SSL 或 HTTPS 的读者应该会发现它与客户-服务器架构的信任模式很相似。

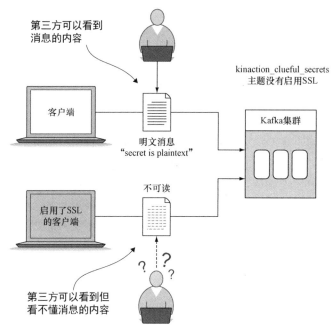

图 10.2　明文与 SSL

## 10.1.2　Broker 和客户端之间的 SSL

在之前使用客户端连接 Kafka 的示例中，我们没有使用 SSL 连接，但现在我们将在客户端和集群之间启用它，并用它来加密网络通信。我们了解一下这个过程，看看需要完成哪些工作才能让集群启用这个特性。

**注意：** 本章使用的命令可能特定于某个操作系统平台，如果不经修改可能无法用在其他操作系统上（甚至不能跨不同的服务器域名）。这里的关键在于了解一般性的概念。此外，其他工具（如 OpenSSL）在不同的平台上也会有所差异，配置方式和命令可能也会有所不同。等你了解了这些概念，请前往 Confluent Documentation 网站获取更多的资源和指南。本章的示例参考了 Confluent 文档，你应该也能够通过参考这些文档创建我们为了解释以下概念而引入的主题。

**警告：** 如果需要自己搭建环境，最好先咨询安全专业人员。我们提供的命令主要作为学习指南，可能无法达到生产级别的安全性。这并不是一个完整的指南，如果要在生产环境中使用，请注意风险！

第一步是为 Broker 创建密钥和证书。因为你的机器上应该已经安装了 Java，所以可以直接使用 keytool 工具。这个工具是 Java 安装包的一部分。keytool 用于管理密钥存储和信任证书（参见 Oracle Java 文档"keytool"），我们需要着重留意密钥存储。在本章中，一些文件名中包含 broker0，它用于标识一个特定的 Broker，而不是指每一个 Broker。我们可以将密钥存储库看作数据库，JVM 应用程序在必要时可以从中找到密钥信息（参见 Oracle Java 文档"keytool"）。现在，我们将为 Broker 生成一个密钥，如代码清单 10.1 所示（参见 Confluent 文档"Security Tutorial"）。注意，代码清单 10.1 中的 manning.com 只是一个示例，读者不应该照搬。

**代码清单 10.1　为 Broker 生成 SSL 密钥**

```
keytool -genkey -noprompt \
  -alias localhost \
  -dname "CN=ka.manning.com,OU=TEST,O=TREASURE,L=Bend,S=Or,C=US" \
  -keystore kafka.broker0.keystore.jks \      ← 指定密钥存储
  -keyalg RSA \                                  的名字
  -storepass changeTreasure \   ← 用密码保护
  -keypass changeTreasure \        密钥存储
  -validity 999
```

执行这条命令，我们将得到一个新密钥，它保存在密钥存储文件 kafka.broker0.keystore.jks 中。现在，我们（通过某种方式）有了一个用于标识 Broker 的密钥，我们还需要一些东西来表明我们使用的不是由随机用户颁发的证书。验证证书的一种方法是通过 CA（Certificate Authority，证书颁发机构）对其进行签名。例如，你可能听说过由 Let's Encrypt 或 GoDaddy 提供的 CA。CA 充当可信的权威机构，对公钥的所有权和身份进行身份验证。不过，在示例中，我们将成为自己的 CA，避免通过第三方验证我们的身份。下一步是创建我们自己的 CA，如代码清单 10.2 所示。

**代码清单 10.2　创建我们自己的 CA**

```
openssl req -new -x509 \          ┌ 创建新的 CA，并生
  -keyout cakey.crt -out ca.crt \ │ 成密钥和证书文件
  -days 999 \                     ◄┘
  -subj '/CN=localhost/OU=TEST/O=TREASURE/L=Bend/S=Or/C=US' \
  -passin pass:changeTreasure -passout pass:changeTreasure
```

现在，我们要让客户端知道他们应该信任这个生成的 CA。与密钥存储类似，我们将使用信任存储来保存这个 CA。

我们已经在代码清单 10.2 中生成了 CA，现在可以用它来为 Broker 签署证书。首先，从密钥存储中导出证书，用新生成的 CA 在证书上签名，然后将 CA 证书和已签名的证书导入密钥存储。Confluent 提供一个可用于自动化类似命令的 Shell 脚本。其他命令可在本章所对应的源代码中找到。

> **注意**：在运行这些命令时，你的操作系统或终端工具可能会有不同的提示。在运行命令之后可能会出现用户提示，我们将在示例中尽量避免出现这些提示。

我们还需要修改每一个 Broker 的 server.properties 配置文件，如代码清单 10.3 所示。注意，代码清单 10.3 只显示了 broker0 配置文件的部分内容。

---

**代码清单 10.3 修改 Broker 的 server.properties**

```
...
listeners=PLAINTEXT://localhost:9092,          保留 PLAINTEXT 端
➥ SSL://localhost:9093                ◁──       口，增加 SSL 端口
ssl.truststore.location=
➥ /opt/kafkainaction/private/kafka             提供信任存储库的位
➥ .broker0.truststore.jks            ◁──       置和密码
ssl.truststore.password=changeTreasure
ssl.keystore.location=                         提供密钥存储库的位
➥ /opt/kafkainaction/kafka.broker0.keystore.jks ◁── 置和密码
ssl.keystore.password=changeTreasure
ssl.key.password=changeTreasure
...
```

---

客户端也需要做出一些修改。例如，我们在一个叫作 custom-ssl.properties 的文件中设置了 security.protocol=SSL，并提供了信任存储库的位置和密码。这样不仅设置了 SSL 安全协议，还指定了信任存储库。

在测试这些变更时，我们可以为 Broker 设置多个监听器，这样有助于客户端随着时间的推移进行逐步切换，因为在移除旧的明文端口之前，这两个端口都可以为流量提供服务。kinaction-ssl.properties 文件（见代码清单 10.4）为客户端提供与 Broker（现在变得更加安全）交互所需的信息。

---

**代码清单 10.4 为命令行客户端提供 SSL 配置**

```
bin/kafka-console-producer.sh --bootstrap-server localhost:9093 \
  --topic kinaction_test_ssl \
  --producer.config kinaction-ssl.properties    ◁──   为生产者提供 SSL 配置
bin/kafka-console-consumer.sh --bootstrap-server localhost:9093 \
  --topic kinaction_test_ssl \
  --consumer.config kinaction-ssl.properties    ◁──   为消费者提供 SSL 配置
```

---

我们可以为生产者和消费者提供相同的配置。在查看配置文件的内容时，你可能会注意到我们在文件中使用了密码。对于密码，最直接的保护措施是管理好这个文件的权限。在将它保存到文件系统之前，一定要注意限制文件的读取权限和所有权。建议你向安全专家咨询更适合你的环境的安全选项。

## 10.1.3 Broker 之间的 SSL

因为 Broker 之间也要相互通信，所以我们需要决定是否也要为这些通信启用 SSL。如果我们不想继续在 Broker 之间使用明文通信，并且希望修改端口，那么可以在 server.properties 文件中设置 security.inter.broker.protocol = SSL。

## 10.2　Kerberos 与 SASL

如果你的安全团队已经有 Kerberos 服务器，那么你就可以向这些安全专家寻求帮助。在我们刚开始使用 Kafka 时，它是大数据工具套件的一部分，这些工具中的很大一部分使用了 Kerberos。在企业中，Kerberos 通常是一种提供安全单点登录（Single Sign-On，SSO）的方法。

如果你已经搭建了 Kerberos 服务器，还需要通过具有 Kerberos 环境访问权限的用户为每一个 Broker 和将要访问集群的每一个用户（或应用程序 ID）创建主体。因为设置过程可能过于复杂，所以请跟随我们的讨论了解 Java 身份验证和授权服务（Java Authentication and Authorization Service，JAAS）的文件格式，这是 Broker 和客户端的常见文件类型。如果你想了解更多细节，请参考 V. A. Brennen 的文章 "An Overview of a Kerberos Infrastructure"。

JAAS 文件包含 keytab 文件的相关信息，为我们提供需要用到的主体和凭证。keytab 是一个单独的文件，包含主体和加密密钥。我们可以使用这个文件（不需要密码）进行 Broker 身份验证（参见 Confluent 文档 "Configuring GSSAP"）。但注意，你需要像对待其他凭证一样，要小心翼翼地保护好 keytab 文件。

我们看一下设置 Broker 需要修改哪些服务器属性。我们还提供了一个 JAAS 配置示例。首先，每个 Broker 都需要有自己的 keytab 文件。JAAS 文件指定了 keytab 在服务器上的位置，并声明了主体。代码清单 10.5 列出了 Broker 的 SASL JAAS 配置文件。

代码清单 10.5　Broker 的 SASL JAAS 配置文件

```
KafkaServer {          ◁────  JAAS 配置文件的内容
...
    keyTab="/opt/kafkainaction/kafka_server0.keytab"
    principal="kafka/kafka0.ka.manning.com@MANNING.COM";
};
```

在移除旧端口之前，我们将添加另一个端口来测试 SASL_SSL。代码清单 10.6 列出了这个变更。在本例中，协议可以是 PLAINTEXT、SSL 或 SASL_SSL，具体取决于你使用什么端口连接 Broker。

代码清单 10.6　修改 Broker 的 SASL 属性

```
listeners=PLAINTEXT://localhost:9092,SSL://localhost:9093,
➥ SASL_SSL://localhost:9094          ◁──── 保留旧端口，增加
                                           SASL_SSL 端口
```

客户端的配置与上面的配置差不多，也需要一个 SASL JAAS 配置文件，如代码清单 10.7 所示。

---

代码清单 10.7　客户端的 SASL JAAS 配置文件

```
KafkaClient {        ←——  添加客户端的 SASL JAAS 文件
...
    keyTab="/opt/kafkainaction/kafkaclient.keytab"
    principal="kafkaclient@MANNING.COM";
};
```

我们还需要修改客户端的 SASL 配置。客户端的配置文件与之前使用的 kinaction-ssl.properties
文件类似，不一样的是它使用了 SASL_SSL 协议。我们验证一下新的 SASL_SSL 协议，确认 9092
或 9093 端口没有问题，然后就可以使用新的配置。

# 10.3　Kafka 的授权机制

我们已经了解了 Kafka 的身份验证机制，接下来我们看看用户如何使用这些信息访问
Kafka。我们将从访问控制列表（Access Control List，ACL）开始讨论。

## 10.3.1　访问控制列表

授权是指控制用户可以做哪些事情。ACL 是一种授权方式。大多数 Linux 用户知道如何使
用 chmod 命令控制文件的权限（如读、写和执行），这条命令的缺点是设置的权限可能不够灵
活，无法满足我们的需求。ACL 可以为多个个体和用户组提供权限控制，并支持更多类型的权
限，当我们需要控制共享文件夹不同级别的访问权限时，通常会使用 ACL（参见 Confluent 文
档 "Authorization Using ACLs"）。例如，我们可能允许一个用户编辑文件，但不允许他删除文
件（删除是一个独立的权限）。图 10.3 描绘了 Franz 对寻宝团队资源的访问权限。

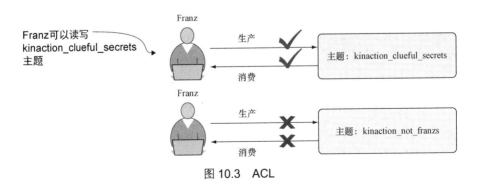

图 10.3　ACL

Kafka 的授权器是可插拔的，如果有必要，用户可以自定义授权逻辑。我们将在示例中使

用 Kafka 的 SimpleAclAuthorizer 类。

在代码清单 10.8 中，为了启用 ACL，我们在 Broker 的 server.properties 文件中加入了授权器类和超级用户 Franz。注意，一旦配置了授权器，就需要设置 ACL，否则只有超级用户才能访问资源。

代码清单 10.8　ACL 授权器和超级用户

```
authorizer.class.name=
  kafka.security.auth.SimpleAclAuthorizer    ←  每一个 Broker 的配置都需要包含
super.users=User:Franz    ←                       SimpleAclAuthorizer
                             添加一个可以访问所有
                             资源的超级用户
```

我们看一下如何为 Clueful 团队授予访问权限，保证只有这个团队能够读写他们自己的 kinaction_clueful_secrets 主题。为了简单起见，我们在示例中使用了两个用户 Franz 和 Hemingway。因为已经为用户创建了 keytab 文件，所以我们知道主体的信息。在代码清单 10.9 中，Read 表示消费者可以从主题获取数据，Write 表示这个主体可以向主题写入数据。

代码清单 10.9　Kafka 主题的读写 ACL 配置

```
bin/kafka-acls.sh --authorizer-properties \
  --bootstrap-server localhost:9094 --add \
  --allow-principal User:Franz \
  --allow-principal User:Hemingway \    ←  指定要授权的两个用户
  --operation Read --operation Write \    ←  允许指定的主体读
  --topic kinaction_clueful_secrets          写指定的主题
```

Kafka 提供了 kafka-acls.sh 命令行工具，我们可以用它添加、删除或列出当前的 ACL。

## 10.3.2　基于角色的访问控制

Confluent 平台提供了基于角色的访问控制（Role-Based Access Control，RBAC）。RBAC 是一种基于角色控制访问的方法。我们根据用户的需求（如工作职责）为他们分配角色。在 RBAC 机制中，我们为预定义角色分配权限，而不是为每一个用户分配权限（参见 Confluent 文档 "Authorization Using Role-Based Access"）。图 10.4 描绘了如何通过为用户赋予角色来分配新的权限。

我们可以为两个寻宝团队分别定义一个特定的角色，类似于市场营销团队和会计团队角色。如果有人转部门，我们将重新分配他的角色，而不是他的权限。但注意，这是一种较新的解决方案，在它不断演进的过程中可能会发生变化，并且受限于 Confluent 平台环境。我们就不在这里深入探究了。

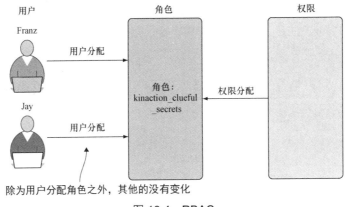

图 10.4　RBAC

## 10.4　ZooKeeper

要保护 Kafka，就需要保护集群的所有组件，包括 ZooKeeper 在内。如果我们只保护 Broker，而不保护保存了安全元数据的系统，那么对这些系统了如指掌的人或许不用费多大力气就能修改安全设置。为了更好地保护元数据，我们需要将每个 Broker 的 zookeeper.set.acl 设置为 true，如代码清单 10.10 所示（参见 Confluent 文档"ZooKeeper Security"）。

---

代码清单 10.10　启用 ZooKeeper 的 ACL

```
zookeeper.set.acl=true    ← 每个 Broker 都设置了这个值
```

要在 ZooKeeper 中使用 Kerberos，我们需要修改各种配置。我们需要在 zookeeper.properties 中添加一些配置，让 ZooKeeper 知道客户端启用了 SASL 以及使用了哪个提供程序。如果需要，请参阅相关的 Confluent 文档。当我们忙于了解其他安全选项时，寻宝系统的一些用户仍然不怀好意。接下来，我们看看如何通过配额来进一步解决这个问题。

## 10.5　配额

我们假设 Web 应用程序的用户可以重复请求数据。通常，这对用户是再正常不过的事情。他们希望在不受限的情况下尽可能多地使用服务，但我们需要保护好我们的集群，以免被那些不怀好意的用户所利用。在这里的例子中，我们限制了只有团队的成员才能访问我们的数据，但对方团队的成员想到了一个新的方法来阻止我们取得胜利。他们试图采用分布式拒绝服务（Distributed Denial of Service，DDoS）来攻击我们的系统（参见 Confluent 文档"Quotas"）。

对集群的攻击可能会拖垮集群 Broker 及其周围的基础设施。对方团队不停地读取我们的主题，并且每次都从主题的头部位置开始读取。我们可以使用配额来阻止这种行为。注意，配额是在 Broker 级别定义的。因为集群并不会遍历每一个 Broker 来计算总数，所以我们需要为每一个 Broker 定义配额。图 10.5 所示是一个使用请求百分比配额的示例。

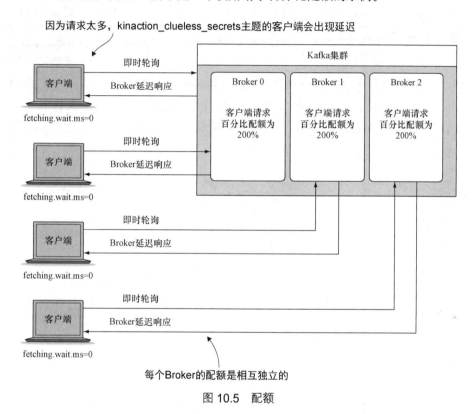

图 10.5  配额

在设置自定义配额时，我们需要知道要限制谁以及要设置多少配额。对安全性的考虑会影响我们在界定限制对象时的选择。如果不考虑安全性，我们可以使用 client.id 属性。如果需要考虑安全性，我们可以使用 user、任意 user 和 client.id 的组合。我们可以设置两种客户端配额——网络带宽配额和请求速率配额。我们先看一下网络带宽配额。

## 10.5.1  网络带宽配额

网络带宽用每秒传输的字节数衡量（参见 Confluent 文档"Network Bandwith Quotas"）。在示例中，我们希望每个客户端都尊重对方，不通过流量泛洪阻止对方使用网络流量。每一个团队的成员都使用一个特定于他们团队的客户端 ID 发送生产或消费请求。在代码清单 10.11 中，我们指定客户端 kinaction_clueful，并设置 producer_byte_rate 和 consumer_byte_rate 来限制客户端（参见 Apache Software Foundation 网站上的"Setting Quotas"）。

---

**代码清单 10.11    为客户端 kinaction_clueful 设置网络带宽配额**

```
bin/kafka-configs.sh --bootstrap-server localhost:9094 --alter \
  --add-config 'producer_byte_rate=1048576,          ← 限制生产者每秒最多生产 1MB，
➡ consumer_byte_rate=5242880' \                         消费者每秒最多消费 5MB
  --entity-type clients --entity-name kinaction_clueful ← 指定要限制 client.id 为
                                                          kinaction_clueful 的客户端
```

我们通过 add-config 参数设置生产者和消费者请求速率，通过 entity-name 参数将限制规则应用在 kinaction_clueful 客户端上。通常情况下，我们需要列出当前的配额，并在不需要时删除它们。我们可以通过在 kafka-config.sh 脚本中指定不同的参数完成这些操作，如代码清单 10.12 所示。

---

**代码清单 10.12    列出和删除客户端 kinaction_clueful 的配额**

```
bin/kafka-configs.sh --bootstrap-server localhost:9094 \
  --describe \                                         ← 列出指定客户端的
  --entity-type clients --entity-name kinaction_clueful   当前配额

bin/kafka-configs.sh --bootstrap-server localhost:9094 --alter \
  --delete-config
➡ 'producer_byte_rate,consumer_byte_rate' \           ← 使用 delete-config 删除
  --entity-type clients --entity-name kinaction_clueful   刚刚添加的配额
```

我们使用--describe 命令查看现有的配额。然后，我们可以使用这些信息决定是否需要通过 delete-config 参数修改或删除配额。

在添加配额时，我们可能会为一个客户端配置多个配额，因此我们需要知道各种配额规则的优先级。虽然最严格的设置（最小的字节数）可能会成为优先级最高的配额，但是情况并非始终如此。下面是配额规则的应用顺序，按照优先级从高到低的顺序排列（参见 Confluent 文档"Quota Configuration"）。

- 用户和 client.id 配额。
- 用户配额。
- client.id 配额。

例如，如果一个名为 Franz 的用户有 10MB 的用户配额和 1MB 的 client.id 配额，那么这个用户每秒可以消费 10MB，因为用户配额具有更高的优先级。

## 10.5.2    请求速率配额

另一种配额是请求速率配额。为什么需要第二种配额？尽管 DDoS 攻击通常被视为一个网

络问题，但是客户端通过连接发出大量 CPU 密集型的请求仍然会给 Broker 造成压力。如果消费者客户端配置了 fetch.max.wait.ms=0，它们就会进行不间断的轮询（见图 10.5）。这个问题可以通过请求速率配额解决。

要设置这个配额，我们需要使用与之前相同的实体类型和 add-config 选项，只是这次配置的是 request_percentage。使用 I/O 线程数和网络线程数来计算请求速率的公式（参见 Confluent 文档"Request Rate Quotas"）。在代码清单 10.13 中，我们设置了 100% 的请求百分比（参见 Apache Software Foundation 网站上的"Setting quotas"）。

代码清单 10.13　为客户端 kinaction_clueful 配置请求速率配额

```
bin/kafka-configs.sh --bootstrap-server localhost:9094 --alter \
  --add-config 'request_percentage=100' \
  --entity-type clients --entity-name kinaction_clueful
```

生产者的请求速率配额为 100%

指定要限制 client.id 为 kinaction_clueful 的客户端

配额不仅可以保护集群，还有助于我们对那些突然给 Broker 造成压力的客户端做出反应。

## 10.6　静态数据

另一件需要考虑的事情是我们是否需要加密 Kafka 写入磁盘的数据。默认情况下，Kafka 不加密添加到日志中的事件。现在已经有几个 KIP 在关注这个特性，但在本书出版时，你仍然需要自己处理这个问题。你可以根据自己的业务需求决定只加密特定的主题。

如果你使用了托管集群，最好了解一下你使用的托管服务提供了哪些特性。以 Amazon Managed Streaming for Apache Kafka 为例，它为你承担了大部分集群管理工作，包括一些安全性问题。使用自动部署的硬件补丁与相关升级来更新 Broker 和 ZooKeeper 是预防故障的一种主要手段。这么做的另一个好处是不需要为更多的开发人员开放集群访问权限。Amazon MSK 还为你的数据提供加密机制，并在 Kafka 的各种组件之间使用 TLS。

我们在本章的示例中使用的其他管理特性包括客户端和集群之间的 SSL 以及 ACL。Confluent Cloud 也是一个可跨各种公共云产品部署的解决方案。在考虑供应商是否与你的安全需求匹配时，还需要注意它们是否支持静态和动态数据的加密以及是否提供了 ACL 机制。

Confluent Platform 5.3 提供一个商业特性，叫作秘密保护。在之前的 SSL 配置文件中，我们使用了明文密码。秘密保护机制对文件中的密钥进行加密，避免密钥暴露在文件之外。因为这是一个商业特性，所以我们不打算深入探究它的工作原理，只是想让读者知道我们都有哪些可用的选项。

## 总结

- 在创建原型时可以使用明文，但在进入生产环境之前需要对安全性进行评估。
- SSL 有助于保护客户端和 Broker 之间，甚至是 Broker 之间的数据。
- 你可以使用 Kerberos 来提供主体标识，从而更好地利用基础设施中已有的 Kerberos 环境。
- ACL 定义了哪些用户被授予了哪些特定的操作。RBAC 也是 Confluent 平台支持的一种选项。RBAC 是一种基于角色控制访问的方法。
- 网络带宽配额和请求速率配额可用于保护集群的可用资源。我们可以通过修改与调整这些配额来应对正常的工作负载和短期的峰值需求。

# 第 11 章　Schema Registry

**本章内容：**

- Kafka 成熟度模型；
- Schema 的价值；
- Avro 与数据序列化；
- Schema 的兼容性规则。

随着我们越来越了解 Kafka，重新审视 Kafka 可能会是一个有趣的体验。随着企业（甚至工具）的发展，有时候我们需要用成熟度模型来评估它们。Martin Fowler 在其个人网站中对此做了很好地解释（参见 Martin Fowler 的文章 "Maturity Model"）。Martin Fowler 还提供了一个解释 Richardson 成熟度模型（专注于 REST）的例子（参见 Martin Fowler 的文章 "Richardson Maturity Model"）。读者也可以参考 Leonard Richardson 的演讲稿 "Justice Will Take Us Millions Of Intricate Moves: Act Three: The Maturity Heuristic"。

## 11.1　Kafka 成熟度模型

接下来的几节将重点讨论 Kafka 特有的成熟度级别。Confluent 在其白皮书 "Five Stages to Streaming Platform Adoption" 中从一个不同的视角描述了他们的流式处理成熟度模型的 5 个阶段，其中每一个阶段都有不同的标准（参见 L. Hedderly 撰写的 "Five Stages to Streaming Platform Adoption"）。我们将从第一个级别开始了解（当然，作为程序员，我们从级别 0 开始）。

我们将这个练习与成熟度模型挂钩，这样就可以了解 Kafka 是如何成为一个强大的应用程序，甚至演变成企业级应用程序的基础，而不只是一个简单的消息 Broker。下面介绍的级别并不是一条按部就班的必经之路，而是一种思考如何开始使用 Kafka 的方式。当然，这些级别可能是有争议的，我们只提供了一个示例。

## 11.1.1　级别 0

在级别 0，我们将 Kafka 作为企业服务总线（Enterprise Service Bus，ESB）或发布和订阅（PubSub）系统。应用程序之间通过发送事件进行异步通信，我们可以使用任意的消息 Broker（如 RabbitMQ），或继续使用 Kafka。

我们以用户提交要转换为 PDF 文件的文本文档为例。在用户提交了文本文档之后，应用程序会将这个文档保存下来，然后向 Kafka 发送一条消息。Kafka 消费者读取消息，确定需要将哪些文档转换成 PDF。在本例中，一个后端系统会处理转换任务，用户知道它不会立即返回响应。图 11.1 描绘了级别 0 的示例。

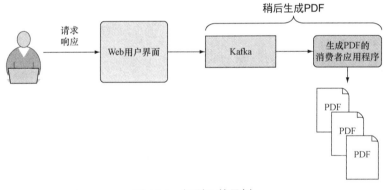

图 11.1　级别 0 的示例

这一级别给我们带来的好处是系统的解耦，前端文本提交系统的故障不会影响到后端处理系统。此外，我们不需要为前后端维护同步操作。

## 11.1.2　级别 1

批处理仍然出现在企业的某些领域中，但现在生成的大多数数据被放入 Kafka 中。Kafka 通过 ETL（提取、转换、加载）或 CDC（变更数据捕获）过程从越来越多的企业系统中收集事件。在级别 1，我们可以拥有可操作的实时数据流，并能够将数据快速输入分析系统。

我们以保存客户信息的供应商数据库为例。我们不希望市场部的人在数据库上执行复杂的查询,因为这可能会占用大量的流量。在这种情况下,我们可以使用 Kafka Connect 将数据从数据库表导入 Kafka 主题。图 11.2 展示了级别 1 的示例。

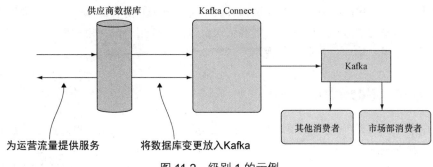

图 11.2　级别 1 的示例

## 11.1.3　级别 2

由于数据会随着时间的推移发生变化,因此我们需要使用 Schema。虽然生产者和消费者之间是解耦的,但是它们仍然需要一些方法来理解数据。为此,使用 Schema 和 Schema Registry。尽管从一开始就使用 Schema 是最理想的,但在实际项目中,这种需求通常在初始部署经历了一些应用程序变更之后才会出现。

我们以修改订单事件的数据结构为例。我们添加了新数据,但一些字段是可选的,这没问题,因为 Schema Registry 可以向后兼容。图 11.3 展示了级别 2 的示例。随着深入阅读本章,我们将进一步探究这些细节。

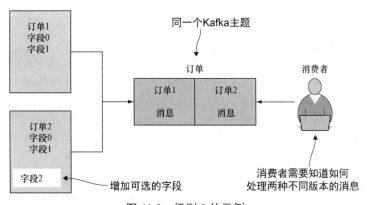

图 11.3　级别 2 的示例

## 11.1.4　级别 3

我们可以将一切看成无限（永远不会结束）的事件流。Kafka 就是企业用来处理事件驱动应用程序的系统。换句话说，用户不需要等待由批处理系统彻夜运行生成的建议或状态报告。当用户的账户发生变更时，用户会在几毫秒（而不是几分钟）内收到账户变更的通知。应用程序不从其他数据源拉取数据，而直接从集群获取数据。面向用户的应用程序可以根据 Kafka 基础设施的需求为用户生成状态和物化视图。

# 11.2　Schema Registry

在本章中，我们将主要关注级别 2，看看我们如何计划应对数据变更。虽然现在我们已经知道如何让数据进出 Kafka，并在第 3 章中提到了一些与 Schema 相关的内容，但是忽略了一些重要的细节。接下来，我们将深入研究 Confluent Schema Registry 为我们带来了什么。

Confluent Schema Registry 保存了 Schema，并支持多版本 Schema（参见 Confluent 文档"Schema Registry Overview"）。从某种程度上讲，这与用于保存和分发 Docker 镜像的 Docker 注册表类似。为什么我们需要这个存储空间？虽然生产者和消费者没有耦合在一起，但是它们仍然需要一种方法来了解来自各个客户端的数据。此外，有了远程托管的注册表，用户既不需要使用本地副本，也不需要试着基于一系列 Schema 构建自己的副本。

Schema 既可以为应用程序提供某种类型的接口，也可以用来防止发生重大变更。我们为什么要关心在系统中快速移动的数据呢？Kafka 的存储和保留特性让用户能够重新处理旧消息，这些消息可能是几个月（或更久）以前的，所以消费者可能需要处理这些消息的不同版本。

对于 Kafka，我们可以使用 Confluent Schema Registry。Confluent 为利用 Schema 提供了一个很好的选择。如果你在本章之前通过 Confluent 平台安装了 Kafka，那么你应该就有了所有可用的工具。如果不是，我们将在下面几节中讨论安装和设置这个注册表。

## 11.2.1　安装 Confluent Schema Registry

Confluent Schema Registry 是 Confluent 平台的一部分（参见 Confluent 文档"Confluent Platform Licenses: Community License"）。Schema Registry 独立于 Broker，但它使用 Kafka 作为存储层，它保存数据的主题叫作_schemas（参见 Confluent 文档"Running Schema Registry in Production"）。所以，一定不要不小心就删除了这个主题！

在生产环境中，Schema Registry 应该托管在独立于 Broker 的服务器上，如图 11.4 所示。因为我们面对的是分布式系统，它一定会存在预期的故障，所以我们可以提供多个注册表实例。由于所有节点都可以处理来自客户端的读请求，并将写请求路由到主节点，因此注册表的客户端不需要维护节点清单。

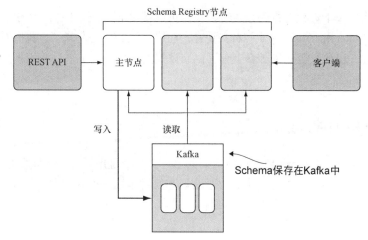

图 11.4  Schema Registry 基础设施

## 11.2.2  注册表的配置

与 Kafka 的其他组件类似，你也可以在配置文件中设置配置参数。如果你已经安装了 Kafka，应该可以找到默认配置文件 etc/schema-registry/schema-registry.properties。要成功运行注册表，需要让它知道 Schema 保存在哪个主题中以及如何与 Kafka 集群发生交互。

在代码清单 11.1 中，我们使用 ZooKeeper 来完成主节点选举。这一点需要格外注意，因为只有主节点才可以向 Kafka 主题写入数据。如果你的团队正试图摆脱对 ZooKeeper 的依赖，可以使用基于 Kafka 的主节点选举（使用 kafkastore.bootstrap.servers 配置参数，参见 Confluent 文档"Schema Registry Configuration Options"）。

**代码清单 11.1  Schema Registry 配置**

```
listeners=http://localhost:8081      ←——— 注册表的端口是 8081
kafkastore.connection.url=localhost:2181      ←—— 指向 ZooKeeper 服务器
kafkastore.topic=_schemas      ←—— 使用默认的主题保存 Schema，
debug=true   ←——┐                    如果有必要可以改成其他主题
                我们可以通过该标
                识获取或移除额外
                的错误信息
```

现在启动 Schema Registry。我们需要确保 ZooKeeper 和 Kafka Broker 已经启动了。在确认它们已经启动并正常运行后，我们可以在命令行中执行注册表的启动脚本，如代码清单 11.2 所示（参见 Confluent 文档"Schema Registry and Confluent Cloud"）。

**代码清单 11.2  启动 Schema Registry**

```
bin/schema-registry-start.sh \   ←——— 执行 bin 目录下的启动脚本
  ./etc/schema-registry/schema-registry.properties   ←——┐ 指定可修改的
                                                          属性文件
```

我们可以检查一下进程是否仍在运行。我们可以使用 jps 来验证它，因为它是一个 Java 应用程序，就像 Broker 和 ZooKeeper 一样。现在，注册表已经运行起来了，我们看一下如何使用系统的各个组件。现在我们在注册表中有了存储数据的地方，接下来让我们重温一下在第 3 章中使用的 Schema。

## 11.3  Schema 的特性

Confluent Schema Registry 包含这些重要的组件：一个是用于存储和获取 Schema 的 REST API（以及底层的应用程序），另一个是用于获取和管理本地 Schema 的客户端库。下面的两节将从 REST API 开始更深入地探究这两个组件。

### 11.3.1  REST API

REST API 可用于管理这些资源——Schema、主体（subject）、兼容性和配置（参见 Confluent 文档“Schema Registry API Reference”）。在这些资源中，我们可能要着重解释一下“主体”。我们可以创建、获取和删除版本和主体。我们将通过一个叫作 kinaction_schematest 的主题了解应用程序的主题与相关主体之间的关系。

Schema Registry 中有一个叫作 kinaction_schematest-value 的主体，因为我们使用了默认的基于当前主题的命名方式。如果消息的键也使用 Schema，那么我们也会有一个叫作 kinaction_schematest-key 的主体。注意，键和值被视为不同的主体（参见 Confluent 文档“Formats, Serializers, and Deserializers”）。为什么会这样呢？因为键和值是分开序列化的，这样可以确保我们能够对 Schema 进行独立的演化。

为了确认注册表已启动并查看它的运行状况，使用 curl 向 REST API 提交一个 GET 请求。代码清单 11.3 列出了当前注册表的配置，如兼容性级别。

**代码清单 11.3   获取 Schema Registry 的配置**

```
curl -X GET http://localhost:8081/config    ◁—— 通过 REST 获取注册表的配置信息
```

此外，还需要添加一个 Content-Type 标头。在代码清单 11.7 中，使用 application/vnd.schemaregistry.v1+json。我们还声明了将使用哪个 API 版本，这有助于确保客户端使用的是预期的 API 版本。

管理员通常会使用 REST API 来管理主体和 Schema，而大多数开发人员会通过客户端库与注册表发生交互。

## 11.3.2　客户端库

让我们深入探究一下生产者客户端与 Schema Registry 的交互。在第 3 章的一个例子中，生产者使用 Avro 序列化器来序列化消息。本地已经启动了一个注册表，现在需要配置生产者客户端，并让它连接这个注册表（见代码清单 11.4）。在第 3 章的示例中，我们为 Alert 对象（消息的值）创建了一个 Schema，并且把 value.serializer 设置为 KafkaAvroSerializer。这个类通过注册表序列化自定义对象。

**代码清单 11.4　生产者使用 Avro 进行序列化**

```
...
kaProperties.put("key.serializer",
➥ "org.apache.kafka.common.serialization.LongSerializer");
kaProperties.put("value.serializer",
➥ "io.confluent.kafka.serializers.KafkaAvroSerializer");    使用 KafkaAvroSerializer 序列
kaProperties.put("schema.registry.url",                       化 Alert
➥ "http://localhost:8081");        指向注册表的 URL，其中包含 Schema 的
                                     版本化历史，用于验证和演化 Schema
Producer<Long, Alert> producer =
  new KafkaProducer<Long, Alert>(kaProperties);
Alert alert = new Alert();
alert.setSensorId(12345L);
alert.setTime(Calendar.getInstance().getTimeInMillis());
alert.setStatus(alert_status.Critical);
log.info("kinaction_info = {}, alert.toString());

ProducerRecord<Long, Alert> producerRecord =
➥ new ProducerRecord<Long, Alert>(
    "kinaction_schematest", alert.getSensorId(), alert
  );

producer.send(producerRecord);
```

**注意**：因为我们使用的是默认的 TopicNameStrategy，所以 Schema Registry 使用 Alert 的 Schema 注册 kinaction_schematest-value 主体。如果要使用不同的策略，生产者客户端可以通过设置 value.subject.name.strategy 和 key.subject.name.strategy 覆盖默认策略（参见 Confluent 文档 "Formats, Serializers, and Deserializers"）。如果是这样，我们就可以使用下画线对默认策略进行覆盖，防止主题名称混合使用破折号和下画线。

在消费者端，一旦客户端成功找到了 Schema，就可以理解它所读取的记录。我们将使用为主题生成的 Schema 获取记录，看看是否可以在不出错的情况下返回记录的值，如代码清单 11.5 所示（参见 Confluent 文档 "On-Premises Schema Registry Tutorial"）。

**代码清单 11.5　消费者使用 Avro 进行反序列化**

```
kaProperties.put("key.deserializer",
➥ "org.apache.kafka.common.serialization.LongDeserializer");
```

```
kaProperties.put("value.deserializer",
➥ "io.confluent.kafka.serializers.KafkaAvroDeserializer");
kaProperties.put("schema.registry.url",
➥ "http://localhost:8081");
...

KafkaConsumer<Long, Alert> consumer =
➥ new KafkaConsumer<Long, Alert>(kaProperties);

consumer.subscribe(List.of("kinaction_schematest"));

while (keepConsuming) {
  ConsumerRecords<Long, Alert> records =
➥ consumer.poll(Duration.ofMillis(250));
    for (ConsumerRecord<Long, Alert> record : records) {
      log.info("kinaction_info Alert Content = {},
      ➥ record.value().toString());
    }
}
```

在配置消费者时指定
KafkaAvroDeserializer

指向注册表的 URL

订阅保存了 Schema 的
主题

到目前为止，生产者和消费者客户端都只使用了一个版本的 Schema。不过，为数据变更做好计划可以为你省去很多麻烦。接下来，我们将介绍一些规则，这些规则有助于我们思考如何做出变更以及它们对客户端的影响。

## 11.4　兼容性规则

我们需要决定要支持什么样的兼容性策略。本节介绍的兼容性规则可用于指导 Schema 的演化方向。虽然看起来有很多可用的类型，但一般来说，标记为 TRANSITIVE 的类型遵循的规则与不包含 TRANSITIVE 后缀的类型遵循的规则相同。非传递类型只检查 Schema 的最后一个版本，而传递类型需要检查之前所有的版本（参见 Confluent 平台上的 "Schema Evolution and Compatibility"）。Confluent 标记的类型包括 BACKWARD（默认类型）、BACKWARD_ TRANSITIVE、FORWARD、FORWARD_TRANSITIVE、FULL、FULL_TRANSITIVE 和 NONE。

我们看一下 BACKWARD 类型对于应用程序来说意味着什么。向后兼容的变更可能涉及添加非必需字段或删除字段。在选择兼容性类型时，我们需要考虑客户端的更新顺序。例如，我们可能希望让消费者客户端先升级，因为消费者在接收新版本消息之前需要知道如何读取这些消息。

向前兼容的变更与向后兼容的变更刚好相反。对于 FORWARD 类型，我们可以添加新的字段，并且与 BACKWARD 类型的更新方式相反，我们可能希望先升级生产者客户端。

我们看一下如何修改 Alert 的 Schema 让它保持向后兼容。在代码清单 11.6 中，我们添加新字段 recovery_details，默认值为 Analyst recovery needed。

代码清单 11.6　Alert 的 Schema 变更

```
{"name": "Alert",
 ...
 "fields": [
     {"name": "sensor_id", "type": "long",
      "doc":"The unique id that identifies the sensor"},
 ...
     {"name": "recovery_details", "type": "string",     ← 为这个实例添加新字段
      "default": "Analyst recovery needed"}               (recovery_details)
 ]
}
```

如果我们有 API 测试端点或 Swagger，可以考虑对 Schema 的变更测试进行自动化。要检查和验证 Schema 变更，有两个选项：

- 使用 REST API 兼容性资源端点；
- 使用 Maven 插件（应用程序是基于 JVM 的）。

我们看一个检查 Schema 变更兼容性的 REST 调用示例，如代码清单 11.7 所示（参见 Confluent 文档"Schema Registry API Usage Examples"）。注意，在检查兼容性之前，我们需要在注册表中保存一个旧 Schema 的副本。如果没有保存并且调用失败，请从本书的源代码中找一个示例。

代码清单 11.7　使用 Schema Registry REST API 检查兼容性

```
curl -X POST -H "Content-Type: application/vnd.schemaregistry.v1+json" \
--data '{ "schema": "{ \"type\": \"record\", \"name\": \"Alert\",
  ➥ \"fields\": [{ \"name\": \"notafield\", \"type\": \"long\" } ]}" }' \
  http://localhost:8081/compatibility/subjects/kinaction_schematest-value/
  ➥ versions/latest
                              布尔类型的兼                      在命令行中指定
                              容性检查结果                      Schema 的内容
{"is_compatible":false}  ←
```

如果我们愿意使用 Maven，并且应用程序运行在基于 JVM 的平台上，那么我们也可以使用 Maven 插件（参见 Confluent 文档"Schema Registry Maven Plugin"）。代码清单 11.8 列出了 pom.xml 的部分内容，完整的文件可在本章对应的源代码中找到。

代码清单 11.8　使用 Schema Registry Maven 插件检查兼容性

```
<plugin>
    <groupId>io.confluent</groupId>
    <artifactId>                          告诉Maven需要
    kafka-schema-registry-maven-plugin    下载这个插件
    </artifactId>                  ←
</plugin>
```

```
<configuration>
    <schemaRegistryUrls>
        <param>http://localhost:8081</param>  ◁
    </schemaRegistryUrls>
    <subjects>
        <kinaction_schematest-value>
         src/main/avro/alert_v2.avsc
        </kinaction_schematest-value>
    </subjects>
    <goals>
        <goal>test-compatibility</goal>  ◁
    </goals>

</configuration>
...
</plugin>
```

Schema Registry
的 URL

列出主体，验证指定
文件中的 Schema

使用 mvn schema-registry:test-compatibility
调用 Maven 目标

实际上，插件会获取指定文件中的 Schema，并连接到 Schema Registry，将其与已经存储在那里的 Schema 进行比较。

## 11.5　Schema Registry 之外的选择

因为并非在所有的项目中我们从一开始就有 Schema 或考虑到了数据的变更，所以我们可以通过一些简单的方法处理数据格式变更。其中一种方法是将发生重大变更的数据生成到另一个主题上。消费者可以根据需要进行升级，然后从新主题读取数据。如果我们不打算重新处理旧数据，那么这种方法会很有用。在图 11.5 中，消费者在读取了第一个主题的所有旧消息后切换到新主题。为了便于说明变更的逻辑，图中的 u1 表示"更新 1"，u2 表示"更新 2"。

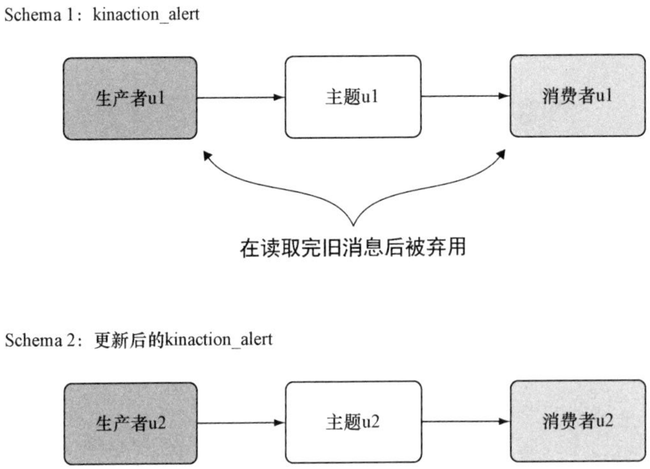

图 11.5　额外的数据流

　　如果需要重新处理旧数据，我们可以创建一个新主题来保存经过转换的初始主题中的消息和新生成的消息。第 12 章将讨论的 Kafka Streams 可以帮助我们进行主题到主题的转换。

## 总结

- Kafka 提供了很多特性。我们可以在简单的场景中使用它，也可以将它作为企业的主要系统。
- 我们可以通过 Schema 管理数据的版本变更。
- Confluent Schema Registry 提供了一种处理与 Kafka 相关的 Schema 的方式。
- 当 Schema 发生变化时，兼容性规则可以帮助用户了解变更是向后兼容的、向前兼容的还是完全兼容的。
- 如果没有使用 Schema，可以使用不同的主题处理不同版本的数据。

# 第 12 章　流式处理

**本章内容：**

- Kafka Streams 入门；
- 使用基础的 Kafka Streams API；
- 将状态存储作为持久化存储；
- 填充交易事件流。

　　到目前为止，我们已经了解了 Kafka 用于构建事件流式处理平台的部分组件，包括 Broker、生产者客户端和消费者客户端。有了这些基础，我们可以继续深入了解 Kafka 生态系统的下一层——使用 Kafka Streams 和 ksqlDB 进行流式处理。这些技术以前面几章介绍的组件为基础，提供抽象、API 和 DSL（Domain-Specific Language，领域特定语言）。

　　本章将介绍一个简单的银行应用程序，它负责处理进出账户的资金。在这个应用程序中，我们将实现一个 Kafka Streams 拓扑来处理提交到 transaction-request 主题的交易请求。

> **注意：**业务规则要求每一次在更新账户余额之前必须检查账户资金是否能够满足客户的请求。根据我们的要求，应用程序不能同时处理同一个账户的两笔交易，因为这可能会造成竞态条件，我们无法保证能够在提取资金之前执行余额检查。

　　我们将借助 Kafka 的分区顺序保证来串行化（有序）处理同一账户的交易。我们还构建了一个数据生成器，它用账号作为消息的键向 Kafka 主题写入模拟的交易请求。因此，我们可以使用单个服务实例处理所有的交易，无论同时有多少个应用程序在运行。Kafka Streams 在执行完一个交易请求的业务逻辑之前不会提交任何消息偏移量。

我们可以基于 Processor API 实现 Kafka Streams 转换器组件。我们可以借助状态存储一个接一个地处理事件。状态存储是 Kafka Streams 的另一个元素，它可以将账户余额持久化到本地的嵌入式数据库 RocksDB 中。最后，我们将编写第二个流式处理器来生成包含账户详细信息的交易数据。我们不需要创建另一个 Kafka Streams 应用程序，而用 ksqlDB 声明一个流式处理器，它将实时地用账户主题中的数据来填充交易数据。

本章旨在展示如何在不编译和运行代码的情况下使用 SQL 风格的查询语言来创建流式处理器（功能类似于 Kafka Streams）。在了解了流式处理应用程序的概念之后，我们将深入探究 Kafka Streams API 的细节。

## 12.1　Kafka Streams

一般来说，流式处理是指处理不间断数据流的过程或应用程序，一有数据到达就立即执行处理任务，正如第 2 章讨论的那样。流式处理应用程序不按照常规计划执行任务，甚至不从数据库查询数据。我们可以基于数据创建视图，而且不局限于某一时刻的视图。现在，让我们开始了解 Kafka Streams 吧！

Kafka Streams 是一个库，而不是一个独立的集群（参见 Apache Software Foundation 网站上的"Documentation: Kafka Streams"）。我们可以单独用它创建流式处理应用程序。除 Kafka 集群之外，我们不再需要其他的基础设施（参见 Confluent 文档"Streams Concepts"）。Kafka Streams 库是应用程序的一部分。

因为不需要额外的组件，所以使用这个 API 开发的新应用程序很容易测试。其他框架可能需要更多的集群管理组件，而 Kafka Streams 应用程序可以使用任何支持 JVM 应用程序的工具或平台构建和部署。

> **注意：** 应用程序不会运行在集群的 Broker 上，而运行在 Kafka 集群之外。这种运行方式保证了
> Kafka Broker 和流式处理应用程序在资源管理方面的关注点的分离。

Streams API 按记录或消息处理任务（参见 Apache Software Foundation 网站上的"Documentation: Kafka Streams: Core Concepts"）。如果你希望系统在收到事件后立即对事件做出反应，就肯定不会想等待形成一批或延迟处理任务。

我们在考虑如何实现应用程序时，首先想到的是为 Kafka Streams 库选择一个生产者或消费者客户端。Producer API 可用于精确地控制数据如何到达 Kafka，Consumer API 可用于消费事件。尽管如此，有时候我们可能不想自己实现流式处理的所有细节。我们希望使用一个抽象层更有效地处理主题中的数据，而不是使用较底层的 API。

如果我们的需求包含复杂的数据转换逻辑，需要消费和生成数据，那么 Kafka Streams 可能是一个完美的选择。Streams 为我们提供了介于函数式 DSL 和原始 Processor API 之间的选择。我们先看一看 Kafka Streams DSL。

**DSL**

    DSL 旨在提供一种更容易处理特定主体的语言。SQL（通常用于数据库）和 HTML（用于创建网页）就是两个非常好的例子。尽管 Kafka Streams 官方文档将 Kafka Streams API 称为 DSL，但是我们更喜欢称它为流式（Fluent）API，或者像 Martin Fowler 描述的那样——流式接口。

## 12.1.1　KStreams API DSL

    我们首先要了解的是 KStreams API。Kafka Streams 是基于图（无环图）的概念而设计的数据处理系统（参见 Confluent 文档 "Streams Concepts"）。它有一个开始节点和一个结束节点，数据从开始节点流向结束节点。在这个过程中，节点（或处理器）对数据进行处理和转换。我们看一个场景，在这个场景中，我们可以将数据处理过程建模为一张图。

    我们有一个从支付系统获取交易数据的应用程序。我们使用一个数据源作为图的起点。因为我们将 Kafka 作为数据源，所以就会有一个 Kafka 主题成为图的起点。这个起点通常称为源处理器（或源节点）。处理过程从这个节点开始，在它之前没有任何其他处理器。因此，第一个示例是一个已有的服务，它从外部支付系统捕获交易事件，并将交易事件放入 Kafka 主题中。

    **注意**：我们将用一个简单的数据生成器模拟这个行为。

    更新账户的余额需要通过交易请求事件触发。交易处理器的处理结果将进入两个 Kafka 主题——成功的交易进入 transaction-success 主题，失败的交易进入 transaction-failure 主题。因为这是应用程序的终点，所以我们将创建一对接收处理器（或接收器节点）来写入成功主题或失败主题。

    **注意**：有些处理器节点可能没有与接收器节点相连，这些节点会执行其他一些任务（例如，将信息输出到控制台或将数据写入状态存储），并且不需要将数据写回 Kafka。

    图 12.1 描绘了数据流动的 DAG（Directed Acyclic Gragh，有向无环图）。

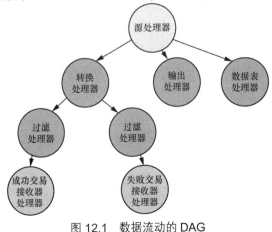

图 12.1　数据流动的 DAG

图 12.2 描绘了这个 DAG 是如何映射到 Kafka Streams 拓扑的。

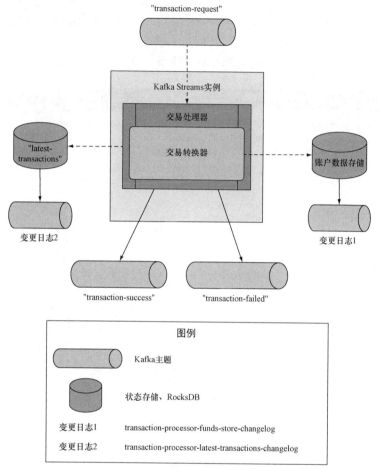

图 12.2　流式处理应用程序的拓扑

既然我们有了一份指南，接下来我们就看看这个应用程序的 DSL 代码是什么样子的。与前面的示例不同，在使用这个 API 时，我们不需要直接使用消费者读取消息，而使用构建器创建流。在代码清单 12.1 中，创建一个源处理器。

**代码清单 12.1　源主题的 DSL 定义**

```
StreamsBuilder builder = new StreamsBuilder()   ◁── 构建拓扑的起始点

KStream<String, Transaction> transactionStream =
  builder.stream("transaction-request",
                Consumed.with(stringSerde, transactionRequestAvroSerde));

                       为 transaction-request 主题创建一个 KStream
                       对象，以这个主题作为处理的起点
```

**注意：** 我们现在正在定义拓扑，但还没有调用它，因为处理过程还没有开始。

在代码清单 12.1 中，使用 StreamsBuilder 对象为 transaction-request 主题创建了一个流。数据源是 transaction-request 主题，它也是我们处理逻辑的起点。

下一步是将在源处理器中创建的 KStream 对象添加到拓扑中，如代码清单 12.2 所示。

**代码清单 12.2   处理器和接收器主题的定义**

```
final KStream<String, TransactionResult> resultStream =        用在上一个源处理器中创建的
    transactionStream.transformValues(                         Kstream 对象来构建拓扑
        () -> new TransactionTransformer()
    );

resultStream
    .filter(TransactionProcessor::success)
    .to(this.transactionSuccessTopicName,
       Produced.with(Serdes.String(), transactionResultAvroSerde));
                                                               接收器处理器根据实际的处理情
resultStream                                                   况将结果写入 transaction-success
    .filterNot(TransactionProcessor::success)                 或 transaction-failed 主题
    .to(this.transactionFailedTopicName,
       Produced.with(Serdes.String(), transactionResultAvroSerde));

KafkaStreams kafkaStreams =                                    用拓扑和配置创建 KafkaStreams
➥ new KafkaStreams(builder.build(), kaProperties);            对象
kafkaStreams.start();          启动流式处理应用程序，它
...                            会像使用消费者无限轮询消
kafkaStreams.close();          息一样一直运行下去
    关闭应用程序，停止处理
```

虽然我们只有一个处理节点，并且这个节点不涉及读写数据，但是我们仍然可以很容易地看出如何链接多个节点。你可能会注意到代码清单 12.2 中没有直接使用下面这些东西。

- 像在第 5 章那样，消费者客户端从源主题读取数据。
- 像在第 4 章那样，生产者客户端在处理流程的末端发送消息。

有了这个抽象层，我们就可以把精力集中在处理逻辑上，而不是集中在处理细节上。我们看另一个实际的例子。我们假设只需要在控制台输出交易请求，而不需要处理它们。在代码清单 12.3 中，从 transaction-request 主题读取交易事件。

**代码清单 12.3   跟踪交易的 KStream**

```
KStream<String, Transaction> transactionStream =        从 transaction-request 主题读取数据，
    builder.stream("transaction-request",               并保存为自定义的 Transaction 对象
              Consumed.with(stringSerde, transactionRequestAvroSerde));

transactionStream.print(Printed.<String, Transaction>toSysOut()
    .withLabel("transactions logger"));        在读取到事件时将其
                                               输出
```

```
KafkaStreams kafkaStreams = new KafkaStreams(builder.build(), kaProperties);
kafkaStreams.cleanUp();        清理本地数据存储，确
kafkaStreams.start();          保不存在过时的状态
...
```

这个过程非常简单，我们只将交易信息输出到控制台，但是其实我们也可以调用 API 来发送 SMS 或电子邮件。注意，在启动应用程序之前调用了 cleanUp()方法。这个方法可以用来删除本地状态存储，但只能在启动应用程序之前或关闭应用程序之后执行这个操作。

KStreams 很容易使用，但这并不是我们处理数据的唯一方式。KTable API 为我们提供了一种替代方式，它将数据表示为更新事件并不断地添加到视图中。

## 12.1.2 KTable API

KStream 可以被视为持续添加到日志中的事件数据，而 KTable 更像是一种压实主题（参见 Confluent 文档 "Streams Concepts"）。事实上，我们甚至可以将 KTable 与就地更新数据的数据库表进行类比。在第 7 章中处理压实主题的数据时，我们要求消息中包含键。如果不包含键，更新消息的值就没有实际的意义。运行代码清单 12.4，我们可以看到并没有输出每个订单事件，实际上每个订单只出现了一次。

**代码清单 12.4  Transaction KTable**

```
StreamsBuilder builder = new StreamsBuilder();

                                                    StreamsBuilder.table()方法基于
KTable<String, Transaction> transactionStream =     transaction-request 主题创建了
  builder.stream("transaction-request",             一个 KTable
              Consumed.with(stringSerde, transactionRequestAvroSerde),
          Materialized.as("latest-transactions"));        KTable 记录被物化到本地存
                                                           储库 latest-transactions 中
KafkaStreams kafkaStreams = new KafkaStreams(builder.build(), kaProperties);
```

代码清单 12.4 中有我们熟悉的构建流的方式。我们使用构建器创建流，然后调用 start()方法。在此之前，应用程序并不会处理任何东西。

## 12.1.3 GlobalKTable API

GlobalKTable 与 KTable 类似，但它填充了主题所有分区的数据。在理解这些抽象概念时，与主题和分区相关的知识就派上用场了，这从 KafkaStreams 实例读取主题分区的方式就可以看出来。代码清单 12.5 是 GlobalKTable 的一个连接操作示例。假设我们需要用客户邮寄包裹的信息更新一个事件流，这些事件包含客户 ID，我们可以将它与客户表连接，找到与之相关的电子邮件并发送通知。

代码清单 12.5　用于发送邮件通知的 GlobalKTable

```
...
StreamsBuilder builder = new StreamsBuilder();

final KStream<String, MailingNotif> notifiers =          通知事件流监听要发
  builder.stream("kinaction_mailingNotif");              送给客户的新消息
final GlobalKTable<String, Customer> customers =
  builder.globalTable("kinaction_custinfo");             GlobalKTable 中包含客户信
                                                         息, 如邮件地址
lists.join(customers,
    (mailingNotifID, mailing) -> mailing.getCustomerId(),
    (mailing, customer) -> new Email(mailing, customer))  用 join()方法匹配需要
    .peek((key, email) ->                                 发送邮件通知的客户
        emailService.sendMessage(email));

KafkaStreams kafkaStreams = new KafkaStreams(builder.build(), kaProperties);
kafkaStreams.cleanUp();
kafkaStreams.start();
...
```

在代码清单 12.5 中，我们用 globalTable()方法构建了一个新的 GlobalKTable。由于一个主题可能包含多个分区，因此 KTable 可能无法读取到主题的所有数据，但 GlobalKTable 可以。

注意：全局表的作用是让应用程序可以读取主题所有的数据，而不管它映射到哪个分区。

尽管 Streams DSL 很容易使用，但有时候在发送数据时我们需要对发送过程进行更多的控制。开发人员有多种选择，可以单独使用 Processor API，也可以将其与 Streams DSL 一起使用。

## 12.1.4　Processor API

在查看其他流式处理应用程序的代码或我们自己代码逻辑中较底层的抽象级别时，我们可能会看到与 Processor API 示例类似的东西。虽然 Processor API 不像前面几节介绍的 DSL 那么容易使用，但是它为我们提供了更多的选项和功能。在代码清单 12.6 中，创建了一个拓扑，并列出了与 Streams 应用程序的不同之处。

代码清单 12.6　Processor API 数据源

```
import static org.apache.kafka.streams.Topology.AutoOffsetReset.LATEST;

public static void main(String[] args) throws Exception {
//...
final Serde<String> stringSerde = Serdes.String();
Deserializer<String> stringDeserializer = stringSerde.deserializer();
Serializer<String> stringSerializer = stringSerde.serializer();
```

```
Topology topology = new Topology();          ◁── 创建 Topology 对象

topology = topology.addSource(LATEST,          ◁──── 将偏移量设置为 LATEST
  "kinaction_source",    ◁── 命名将在后续步骤中使用的节点
  stringDeserializer,    ◁── 对键进行反序列化
  stringDeserializer,    ◁── 对值进行反序列化
  "kinaction_source_topic");     ◁── 从这个 Kafka 主
}                                      题读取数据
//...
```

　　首先，使用 Topology 对象构建一幅图。将偏移量设置为 LATEST，并指定键和值的反序列化器，这与在第 5 章为消费者客户端设置的配置属性差不多。在代码清单 12.6 中，将节点命名为 kinaction_source，它将从主题 kinaction_source_topic 读取数据。下一步是添加处理节点，如代码清单 12.7 所示。

**代码清单 12.7　Processor API 处理器节点**

```
topology = topology.addProcessor(          ◁── 命名新的处
          "kinactionTestProcessor",  ◁──     理器节点
  () -> new TestProcessor(),          ◁──── 创建一个处理器实例
  "kinaction_source");   ◁──
          其他节点将数据发
          送给这个节点
```

在代码清单 12.7 中，定义了一个处理节点，给它取了一个名字（在本例中叫作 kinactionTestProcessor），并将逻辑与步骤关联起来。我们还指定了将要提供数据的节点。

　　要完成这个简单的示例，我们还需要代码清单 12.8。定义了两个独立的接收器来完成拓扑。接收器是我们在处理结束时放置数据的地方。指定主题名称和键值序列化器的方式与配置以前的生产者客户端的方式类似。我们还指定了 kinactionTestProcessor 节点，它将为处理流程获取数据。

**代码清单 12.8　Processor API 处理器接收器**

```
topology = topology.addSink(
          "Kinaction-Destination1-Topic",   ◁── 命名接收器节点
  "kinaction_destination1_topic",    ◁──── 命名输出主题
  stringSerializer,    ◁── 对键进行序列化
  stringSerializer,    ◁── 对值进行序列化
  "kinactionTestProcessor");    ◁── 这个节点将提供要写入
                                        接收器的数据
topology = topology.addSink(
          "Kinaction-Destination2-Topic",   ◁── 添加第二个
  "kinaction_destination2_topic",                接收器
  stringSerializer,
  stringSerializer,
  "kinactionTestProcessor");

...
```

我们将在 Processor 代码中通过自定义逻辑引导数据的流向。kinactionTestProcessor 节点让我们能够将数据流（包括键和值）转到一个叫作 Kinaction-Destination2-Topic 的接收器。虽然这在代码清单 12.9 中是硬编码的，但是我们也可以使用动态逻辑确定何时将数据发送到第二个接收器。

**代码清单 12.9　自定义 Processor 代码**

```
public class KinactionTestProcessor
  extends AbstractProcessor<String, String> {        继承 AbstractProcessor 类, 在 process()
    @Override                                        方法中实现自定义逻辑
    public void process(String key, String value) {
        context().forward(key, value,                硬编码的值, 不过我们也可
            To.child("Kinaction-Destination2-Topic"));  以用额外的逻辑来实现
    }
}
```

很明显，这些代码比 DSL 示例更冗长，但关键在于我们现在对逻辑有了更多的控制，而这些在使用 DSL API 时是做不到的。如果我们想要控制开始执行流程甚至提交结果的时间，就需要研究更复杂的 Processor API 方法。

## 12.1.5　设置 Kafka Streams

虽然示例应用程序只使用了一个实例，但是我们也可以通过增加线程数和部署多个实例扩展流式应用程序。与同一个消费者组中的消费者实例数量一样，流式应用程序的并行度与源主题中的分区数相关（参见 Confluent 文档 "Streams Architecture"）。例如，如果输入主题有 8 个分区，那么我们就计划扩展到 8 个应用程序实例。除非我们希望为了应对故障多准备一些实例，否则就不需要更多的实例，因为多余的实例不处理任何流量。

在设计应用程序时，我们需要考虑数据处理保证，这一点十分重要。Kafka Streams 支持至少一次语义和精确一次语义。

> **注意：** Kafka 2.6.0 引入了 Beta 版的精确一次语义。这一版本通过减少资源使用量实现更高的吞吐量和可伸缩性（参见 Apache Software Foundation 网站上的 "Documentation: Streams API Changes in 2.6.0"）。

如果应用程序逻辑依赖精确一次语义，那么将 Kafka Streams 应用程序保持在 Kafka 生态系统的范围内有助于提高这种可能性。在将数据发送到外部系统时，你需要了解它们如何实现所承诺的传递保证。Streams API 可以将获取主题数据、更新存储和写入主题作为一个原子操作，但外部系统不会。当系统边界影响到处理保证时，你就需要变得格外谨慎。

注意，对于至少一次语义，虽然不会丢失数据，但是你需要为可能出现的重复处理消息的情况做好准备。在撰写本书时，至少一次语义是默认的模式，因此请确保你的应用程序逻辑能够应对重复处理数据的情况。

Kafka Streams 在设计时就考虑到了容错能力。它的实现方式与我们之前在 Kafka 集群中看到的一样，用包含多个分区的 Kafka 主题副本为正在使用中的状态存储提供支持。因为 Kafka 具备保留消息和重放事件的能力，所以即使发生了故障，用户也可以继续处理消息，无须手动重建它们的状态。如果你有兴趣继续深入了解 Kafka Streams，我们推荐 William P. Bejeck Jr.撰写的 *Kafka Streams in Action*（Manning 出版社），它对 Kafka Streams 进行了更深入的细节探索。

## 12.2　ksqlDB——一个事件流数据库

ksqlDB 是一种事件流数据库，最初叫作 KSQL，于 2019 年 11 月进行了更名。Kafka 社区已经开发了各种客户端来帮助我们更轻松地处理数据。

首先，ksqlDB 为使用过 SQL 的人展示了 Kafka 的强大功能。突然之间，我们不需要 Java 或 Scala 代码也能使用集群中的主题和数据。其次，Kafka 只为整个应用程序生命周期（而不是整个架构）提供部分处理流程。图 12.3 描绘了使用 Kafka 的示例。

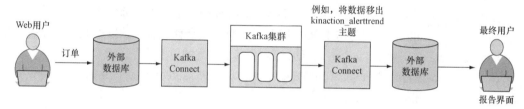

图 12.3　使用 Kafka 的示例

为了向用户提供服务，Kafka 中的数据被移动到一个外部数据存储库中。例如，假设在电子商务系统中有一个触发订单的应用程序。订单流程的每一个阶段都会触发一个事件，并作为一种状态，让购买者知道他们的订单发生了什么。

在 ksqlDB 之前，订单事件通常会保存在 Kafka 中（并用 Kafka Streams 或 Apache Spark 来处理），然后使用 Kafka Connect API 转移到外部数据库。然后，应用程序从数据库读取由事件流创建的视图，将其作为时间点状态呈现给用户。ksqlDB 增加了拉取查询和连接器管理特性，为开发人员提供了一条继续留在 Kafka 生态系统中并向用户呈现这些物化视图的途径。Kafka 生态系统可以在不依赖外部系统的情况下提供更加统一的 ksqlDB 应用程序（见图 12.4）。我们将深入探究 ksqlDB 支持的查询类型，从刚刚介绍的拉取查询开始。

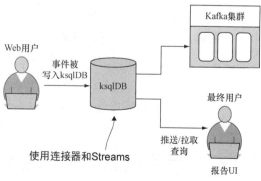

图 12.4　ksqlDB 应用程序

## 12.2.1 查询

我们可以通过拉取查询和推送查询构建应用程序。拉取查询非常适用于同步场景,如请求和响应模式(参见 Confluent 文档"ksqlDB Documentation: Queries")。我们可以查询视图的当前状态,也就是物化已到达事件的视图。拉取查询返回一个响应,查询随之结束。大多数开发人员熟悉这种模式,所以也应该知道查询结果就是当前的事件快照。

推送查询非常适用于异步场景。实际上,我们就像使用消费者客户端一样订阅主题。当有新事件达到时,代码就通过一些必要的操作做出反应。

## 12.2.2 本地开发

尽管我们尽量避免引入 Kafka 以外的技术,但是在本地运行 ksqlDB 最简单的方法是使用 Confluent 的 Docker 镜像。你可以在 ksqlDB 网站上下载包含完整 Kafka 的镜像或 ksqldb-server 和 ksqldb-cli 文件的镜像。

如果你正在使用 Docker 镜像,可以执行 docker-compose up 命令启动这些镜像,然后在命令行终端中使用 ksqldb-cli 创建与 KSQL 服务器的交互式会话。有了数据库服务器之后,你还需要定义数据。关于使用 Docker 运行 Kafka 和其他工具的更多信息,请参见附录 A。在代码清单 12.10 中,执行一条命令,利用 Docker 启动交互式 ksqlDB 会话(参见 Confluent 文档"ksqlDB: Configure ksqlDB CLI")。

代码清单 12.10 创建交互式 ksqlDB 会话

```
docker exec -it ksqldb-cli \
  ksql http://ksqldb-server:8088          ← 连接到 ksqlDB 服务器,然后就可以在终端中执行命令
> SET 'auto.offset.reset'='earliest';     ← 将偏移量设置为 earliest,让 ksqlDB 处理主题中所有可用的数据
```

我们再看一个例子,在这个例子中,我们对交易处理器进行扩展,使用已处理的数据生成报告,报告将包含交易账户的扩展(或填充)信息。我们通过连接成功的交易与账户数据实现相关的逻辑。我们先基于 Kafka 主题创建一个成功的交易数据流。

注意:因为之前的 Kafka Streams 应用程序的 Kafka 主题数据仍然可用,所以我们用 SET 'auto.offset.reset' = 'earliest'命令重置偏移量,这样 ksqlDB 就可以处理已有的数据。我们需要在执行 CREATE 语句之前运行这条命令。在代码清单 12.11 中,我们为成功的交易创建了一个基于 transaction-success 主题的流。

代码清单 12.11 为成功的交易创建流

```
CREATE STREAM TRANSACTION_SUCCESS (      ← 定义主键
  numkey string KEY,
```

```
transaction STRUCT<guid STRING, account STRING,          ──→  ksqlDB 支持嵌套数据
                    amount DECIMAL(9, 2), type STRING,
                    currency STRING, country STRING>,
funds STRUCT<account STRING,
             balance DECIMAL(9, 2)>,
success boolean,
errorType STRING
) WITH (                                                  ──→  通过 WITH 子句的 KAFKA_TOPIC
KAFKA_TOPIC='transaction-success',                             属性指定要读取哪个主题
VALUE_FORMAT='avro');  ──→  指定 Schema
                            格式为 Avro
```

因为 ksqlDB 支持嵌套数据，所以在 Kafka Streams 的示例中我们在 TransactionResult 类中使用了嵌套类型 Transaction。我们用 STRUCT 关键字定义了一个嵌套类型。此外，ksqlDB 集成了 Confluent Schema Registry，并且原生支持 Avro、Protobuf、JSON 和 JSON 格式的 Schema。因为集成了 Schema Registry，所以 ksqlDB 可以在许多情况下使用 Schema 推断或发现数据流或表结构。这对于促进微服务之间的高效协作是一个巨大的帮助。

如前所述，我们需要用到账户信息。与成功的交易历史不同，我们对账户信息的变更历史并不感兴趣，我们只需要通过账户 ID 找到账户。为此，我们可以在 ksqlDB 中使用 TABLE，如代码清单 12.12 所示。

**代码清单 12.12  创建 ksqlDB 表**

```
CREATE TABLE ACCOUNT (number INT PRIMARY KEY)            ──→  将账号字段作为表的主键
WITH (KAFKA_TOPIC = 'account', VALUE_FORMAT='avro');     ──→  ksqlDB 将通过 Avro 格式的
                                                              Schema 推断账户表中的字段
```

下一步是用数据来填充表。尽管代码清单 12.13 中的 SQL 语句看起来与你过去执行过的 SQL 语句类似，但是请注意其中一个细小但很重要的差异——EMIT CHANGES 将会创建推送查询。这个流不会将结果返回命令提示符，而会在后台运行！

**代码清单 12.13  连接交易和账户信息的流**

```
CREATE STREAM TRANSACTION_STATEMENT AS
    SELECT *
    FROM TRANSACTION_SUCCESS
    LEFT JOIN ACCOUNT
        ON TRANSACTION_SUCCESS.numkey = ACCOUNT.numkey
    EMIT CHANGES;
```

要测试这个查询，我们需要使用一个新的 ksqldb-cli 文件来将数据插入流中，并生成测试用的交易事件。Kafka Streams 应用程序将处理这些事件。如果交易是成功的，Kafka Streams 处理器就将结果写入 transaction-success 主题，ksqlDB 将从这个主题接收这些数据，并将其用在 TRANSACTION_SUCCESS 和 TRANSACTION_STATEMENT 流中。

### 12.2.3　ksqlDB 的架构

使用 Docker 镜像会让我们忽略 ksqlDB 的架构部分。与 Streams API 不同，ksqlDB 需要额外的组件才能运行，这个主要组件就是 ksqlDB 服务器。这个服务器负责执行提交给它的 SQL 查询，并从 Kafka 集群中获取数据。除查询引擎之外，它还提供 REST API。我们在示例中使用的 ksqldb-cli 就调用了这个 API（参见 Confluent 文档"Installing ksqlDB"）。

我们还需要了解 ksqlDB 的部署模式。Headless 模式将禁止开发人员通过命令行接口执行查询。要启用这个模式，我们可以使用--queries-file 命令行参数来启动 ksqlDB 服务器，或者修改 ksql-server.properties 文件。当然，这意味着我们还需要提供一个查询文件。代码清单 12.14 中的命令将在 Headless 模式下启动 ksqlDB（参见 Confluent 文档"Configure ksqlDB Server"）。

代码清单 12.14　在 Headless 模式下启动 ksqlDB

```
bin/ksql-server-start.sh \      ◄─── 在非交互模式下启动 ksqlDB，CLI 将不可用
etc/ksql/ksql-server.properties --queries-file kinaction.sql
```

现在，我们已经知道如何使用 Kafka Streams 和 ksqlDB，那么在开始处理新任务时应该使用哪一个呢？虽然 ksqldb-cli 不是一种交互式解释器，但是我们可以用它来运行一些快速的原型测试和试验。另外，非 Java 或 Scala（JVM 语言）用户可以通过 ksqlDB 使用 Kafka Streams 的一些特性。构建微服务的用户可能会发现 Streams API 更适合他们。

## 12.3　更进一步

我们已经了解了 Kafka Streams 和 ksqlDB，除此之外，还有很多资源可以帮助你继续学习 Kafka。下面几节将介绍其中的一些资源。

### 12.3.1　Kafka 改进提案

虽然 Kafka 改进提案（Kafka Improvement Proposal，KIP）看起来并不是最令人感到兴奋的选择，但是了解 KIP 确实是保持与 Kafka 与时俱进的最好方式之一。尽管并不是所有的提案都实现了，但是随着时间的推移，了解其他 Kafka 用户的想法是很有趣的事情。

第 5 章提到，KIP 392 的目的是当分区首领位于非本地数据中心时帮助用户更好地获取数据。如果 Kafka 只位于本地数据中心，没有使用灾备数据中心，那么这个提案可能就不会被接受。了解这些 KIP 可以让每个人都了解 Kafka 用户在日常工作中遇到的问题或使用的特性。KIP 的重要性高到足以让人们在 Kafka 峰会上讨论它们，例如，在 2019 年 Kafka 峰会上就谈及了 KIP 500，这个 KIP 涉及移除 Kafka 对 ZooKeeper 的依赖。

### 12.3.2　值得了解的 Kafka 项目

除 Kafka 的源代码之外，搜索 GitHub 或 GitLab 公共代码库也有助于你了解 Kafka 的真实使用情况，你也可以从这些项目中进一步学习 Kafka。虽然并非所有代码的质量都一样，但是之前的章节已经为你提供了足够的信息来了解所需的部分。本书提及了几个使用 Kafka 的项目，这些项目的源代码参见 GitHub，Flume 就是其中的一个例子。

### 12.3.3　社区 Slack 频道

如果你喜欢通过更具互动性的方式收集信息，并且希望有一个可以搜索或提问的地方，那么可以访问 Confluent 社区。你会发现一组 Slack 频道，它们专注于讨论 Kafka 的特定部分，如客户端、Connect 和其他 Kafka 相关主题。其他人已发布（你也可以发布）的问题数量说明用户愿意探索和分享的经验是非常广泛的。这里还有一个社区论坛，你可以在这里介绍自己，并结识其他活跃的会员。

在本章中，我们进一步了解了 KStreams 和 ksqlDB，以及它们与 Kafka 核心组件的相关性。随着 Kafka 生态系统的演化或不断推出新产品，我们相信这里介绍的 Kafka 基础知识将帮助你更好地理解正在发生的事情。

## 总结

- Kafka Streams 为应用程序提供了逐条处理记录（或消息）的功能。它是建立在生产者和消费者客户端之上的一个抽象层。
- Kafka Streams 提供了函数式 DSL 和 Processor API 两种可选项。
- 我们可以使用 Kafka Streams DSL 将流建模为拓扑。
- ksqlDB 是一种数据库，它向那些已经了解 SQL 的人展示了 Kafka 的强大功能。持续的 ksqlDB 查询可用于快速构建流式应用程序原型。
- 我们可以从 KIP 中看到未来的 Kafka 版本有哪些正在请求和实现的变更。

# 附录 A  安装

虽然 Kafka 的功能比较复杂，但是它的安装过程很简单。我们先看看与安装有关的一些要点。

## A.1  操作系统要求

Kafka 最有可能安装在 Linux 系统上，似乎许多论坛关注的也是与这个平台相关的问题和答案。我们用过 macOS 上的 Bash（macOS Catalina 之前的默认终端）或 zsh（macOS Catalina 之后的默认终端）。尽管我们可以在 Windows 系统上运行 Kafka 作为开发环境，但是不建议在生产环境中这么做（参见 J. Galasyn 的文章"How to Run Confluent on Windows in Minutes"）。

注意：后面还会介绍如何使用 Docker 安装 Kafka。

## A.2  Kafka 版本

Kafka 是一个活跃的 Apache 软件基金会项目，随着时间的推移，Kafka 的版本会持续更新。一般来说，Kafka 发行版都很重视向后兼容性。如果你希望使用新版本，也请注意向后兼容性，并更新被标记为已弃用的代码。

提示：一般来说，如果你希望生产环境具备容错能力，就不应该让 ZooKeeper 和 Kafka 运行在同一台物理服务器上。但在本书中，我们希望你能够专注于了解 Kafka 的特性，而不是把时间花在管理多台服务器上。

# A.3 在本地机器上安装 Kafka

本书的合著者在开始使用 Kafka 时直接手动在单个节点上创建了一个集群。Michael Noll 在 "Running a Multi-Broker Apache Kafka 0.8 Cluster on a Single Node" 一文中列出了清晰的安装步骤，这在本节的安装步骤中都有所体现。

虽然这篇文章是在 2013 年写的，但是这些安装步骤可以让你看到在本地自动化安装过程中可能会错过的一些细节。我们也可以在本地使用 Docker 安装 Kafka，如果你更喜欢这种方式，请参考附录的后面部分。

从我们的经验来看，你可以在符合下面列出的最低要求的工作站上安装 Kafka（你的情况可能与我们的偏好不同），然后根据下一节的说明安装 Java 和 Kafka（包括 ZooKeeper）。

- 最小 CPU 数量（物理或逻辑）为 2。
- 最小内存容量为 4GB。
- 最小磁盘可用空间为 10GB。

## A.3.1 先决条件——Java

Java 是安装 Kafka 的先决条件。对于本书中的示例，我们使用的是 JDK 11。你可以从网上下载 Java。建议使用 SDKMAN CLI 在你的机器上安装和管理 Java 版本。

## A.3.2 先决条件——ZooKeeper

在撰写本书时，Kafka 还需要依赖 ZooKeeper。ZooKeeper 包含在 Kafka 安装包中。尽管在最近的版本中，客户端对 ZooKeeper 的依赖减少了，但是 Kafka 仍然需要一个运行中的 ZooKeeper。Kafka 发行版包含一个兼容 ZooKeeper 的版本，你不需要单独下载和安装它。Kafka 发行版中也包含启动和停止 ZooKeeper 的脚本。

## A.3.3 先决条件——下载 Kafka

在本书英文版出版时，Kafka 2.7.1（在本节的示例中使用的版本）是最新版本。Apache 项目提供下载镜像，你可以通过搜索下载你想要的版本。如果你需要自动重定向到最近的镜像，请确保使用更新后的 URL。

下载完文件后，请检查一下二进制文件的名字，它可能看起来有点奇怪。例如，kafka_2.13-2.7.1 表示 Kafka 版本为 2.7.1（连字符后的版本号）。

为了充分利用本书中的示例和便于上手，建议你在一台机器上安装一个包含 3 个节点的集群，但不建议在生产环境中这么做。这么做是为了帮助你理解 Kafka 的一些关键概念，无须在安装上花太多时间。

> **注意**：为什么要使用 3 个节点的集群呢？Kafka 作为一个分布式系统可以有多个节点。这里的示例模拟了一个集群，但不需要使用多台机器，目的是让你将更多的注意力放在你正在学习的东西上。

安装好 Kafka 后，你需要配置一个包含 3 个节点的集群。首先，你需要解压缩二进制文件并找到 bin 目录。

代码清单 A.1 是用来解压缩 JAR 文件的 tar 命令。不过你也可能需要使用 unzip 或其他工具，具体取决于你下载的压缩包格式（参见 Apache Software Foundation 网站上的 "Apache Kafka Quickstart"）。你可以将 Kafka 的脚本目录 bin 添加到$PATH 环境变量中，这样就可以在不指定命令完整路径的情况下直接执行它们。

---

**代码清单 A.1  解压缩 Kafka 安装包**

```
$ tar -xzf kafka_2.13-2.7.1.tgz
$ mv kafka_2.13-2.7.1 ~/
$ cd ~/kafka_2.13-2.7.1                          将 bin 目录添加到
$ export PATH=$PATH:~/kafka_2.13-2.7.1/bin  ◁    $PATH 环境变量中
```

> **注意**：对于 Windows 用户，你可以在 bin/windows 文件夹下找到.bat 脚本，脚本名称与下面的示例中使用的 Shell 脚本相同。你也可以使用 Windows Subsystem for Linux 2（WSL2），并运行与 Linux 平台相同的命令（参见 J. Galasyn 的文章 "How to Run Confluent on Windows in Minutes"）。

## A.3.4  启动 ZooKeeper 服务器

本书中的示例使用一个单独的本地 ZooKeeper 服务器。代码清单 A.2 中的命令启动了一台 ZooKeeper 服务器。注意，在启动 Kafka Broker 之前，你需要先启动 ZooKeeper 服务器。

---

**代码清单 A.2  启动 ZooKeeper 服务器**

```
$ cd ~/kafka_2.13-2.7.1
$ bin/zookeeper-server-start.sh config/zookeeper.properties
```

## A.3.5  手动创建并配置集群

创建并配置一个包含 3 个节点的集群。要创建集群，你需要设置 3 台服务器（Broker）——server0、server1 和 server2。我们需要修改每台服务器的配置文件。

Kafka 自带一系列预定义的默认值。运行代码清单 A.3 中的命令为集群中的每一台服务器创建配置文件。我们将从使用默认的 server.properties 文件开始,然后运行代码清单 A.4 中的命令,创建多个 Kafka Broker 并修改其中的配置属性。

代码清单 A.3 创建多个 Kafka Broker

```
$ cd ~/kafka_2.13-2.7.1
$ cp config/server.properties config/server0.properties          在 Kafka 目录中复制 3 份
$ cp config/server.properties config/server1.properties          server.properties 文件
$ cp config/server.properties config/server2.properties
```

**注意:** 在示例中,我们使用 vi 作为文本编辑器,你也可以使用自己喜欢的文本编辑器编辑这些文件。

代码清单 A.4 配置服务器

```
$ vi config/server0.properties          更新 Broker 0 的 ID、
                                         端口和日志目录
broker.id=0
listeners=PLAINTEXT://localhost:9092
log.dirs= /tmp/kafkainaction/kafka-logs-0

$ vi config/server1.properties          更新 Broker 1 的 ID、
                                         端口和日志目录
broker.id=1
listeners=PLAINTEXT://localhost:9093
log.dirs= /tmp/kafkainaction/kafka-logs-1

$ vi config/server2.properties          更新 Broker 2 的 ID、
broker.id=2                              端口和日志目录
listeners=PLAINTEXT://localhost:9094
log.dirs= /tmp/kafkainaction/kafka-logs-2
```

**注意:** 每一个 Broker 都运行在不同的端口上,并使用单独的日志目录。每一个 Broker 的配置文件都有唯一 ID,这一点也很关键,因为每个 Broker 都使用自己的 ID 将自己注册为集群成员。你通常会看到 Broker 的 ID 从 0 开始,这与数组索引从 0 开始的方案如出一辙。

然后,你就可以使用内置脚本(以及代码清单 A.4 中的配置文件)启动每一个 Broker。如果你想在终端中查看 Broker 的输出,可以在单独的终端标签或窗口中启动和运行每一个 Broker 进程。代码清单 A.5 用于在控制台窗口中启动 Kafka。

代码清单 A.5 在控制台窗口中启动 Kafka

```
$ cd ~/kafka_2.13-2.7.1
$ bin/kafka-server-start.sh config/server0.properties          进入 Kafka 目录,启动
$ bin/kafka-server-start.sh config/server1.properties          每一个 Broker 进程
$ bin/kafka-server-start.sh config/server2.properties
```

**提示:** 如果你关闭终端或者挂起进程,请不要忘了运行 jps 命令。这条命令可以帮你找到需要终止的 Java 进程。

　　代码清单 A.6 显示了 3 个 Broker 和一个 ZooKeeper 实例的输出，其中包含 Broker 的 PID 和 ZooKeeper 的 JVM 进程标签（QuorumPeerMain）。实例的进程 ID 在左边，这个 ID 在每次启动时都是不一样的。

---

**代码清单 A.6　3 个 Broker 和一个 ZooKeeper 实例的输出**

```
2532 Kafka              每一个 Broker 的 JVM
2745 Kafka              进程标签和 ID
2318 Kafka
2085 QuorumPeerMain  ◁——  ZooKeeper 的 JVM 进程标签和 ID
```

　　既然你已经知道如何手动配置本地 Kafka，接下来我们看看如何使用 Confluent 提供的基于 Kafka 的 Confluent Platform。

# A.4　Confluent Platform

　　Confluent Platform 是一个企业级解决方案，作为 Kafka 开发能力的补充，提供了用于 Docker、Kubernetes、Ansible 等组件的软件包。Confluent 积极开发和维护 C++、C#/.NET、Python 和 Go 的 Kafka 客户端，还提供了第 3 章和第 11 章讨论的 Schema Registry。此外，Confluent Platform 的社区版包含 ksqlDB。第 12 章讨论过如何使用 ksqlDB 进行流式处理。

　　Confluent 还提供了一个全托管的云原生 Kafka 服务，它可能会在以后的项目中派上用场。托管服务提供了 Kafka 使用体验，但不要求用户知道如何运行它。这种特质让开发人员可以专注在重要的事情（如编码）上。Confluent 6.1.1 的安装包中包含 Kafka 2.7.1，本书中用的就是这个版本。你可以按照 Confluent 官方文档提供的安装步骤安装它。

## A.4.1　Confluent 命令行接口

　　Confluent 还提供了命令行工具，用于在命令行中快速启动和管理 Confluent Platform。GitHub 网站上关于 confluent-cli 的 README.md 详细介绍了如何使用脚本。CLI 非常有用，你可以根据需要用它启动这个产品的多个组件。

## A.4.2　Docker

　　到撰写本书时，Kafka 还没有提供官方的 Docker 镜像，但 Confluent 提供了。许多开发人员已经在生产环境中使用了这些镜像。你可以在本书的示例代码库中找到一个预定义了 Kafka、ZooKeeper 和其他组件的 docker-compose.yml 文件。要启动并运行这些组件，请在 YAML 文件所在的目录中执行 docker-compose up -d 命令，如代码清单 A.7 所示。

　　**注意**：如果你不熟悉 Docker 或者没有安装它，可以查阅 Docker 官方文档。你还可以在 Docker 网站上找到安装说明。

代码清单 A.7 用于 Docker 镜像的 filename.sh

```
$ git clone \            ←| 从 GitHub 复制本书的示例代码
  https://github.com/Kafka-In-Action-Book/Kafka-In-Action-Source-Code.git
$ cd ./Kafka-In-Action-Source-Code
$ docker-compose up -d   ←| 在示例代码目录中启动 Docker Compose

Creating network "kafka-in-action-code_default" with the default driver
Creating Zookeeper... done    ←| 观察下面
Creating broker2   ... done      | 的输出
Creating broker1   ... done
Creating broker3   ... done
Creating schema-registry ... done
Creating ksqldb-server   ... done
Creating ksqldb-cli      ... done

$ docker ps --format "{{.Names}}: {{.State}}"   ←| 验证所有的组件都
                                                   | 已启动并运行
ksqldb-cli: running
ksqldb-server: running
schema-registry: running
broker1: running
broker2: running
broker3: running
zookeeper: running
```

# A.5 如何运行本书的示例代码

你可以使用任意的 IDE（Intergrated Development Environment，集成开发环境）打开并运行本书的示例代码。以下是一些推荐的 IDE：

- IntelliJ IDEA Community Edition；
- Apache Netbeans；
- VS Code for Java；
- Eclipse STS。

如果你想要从命令行构建示例代码，还需要几个额外的步骤。本书的示例是用 Maven 3.6.3 构建的。在每一章包含 pom.xml 文件的目录中运行 ./mvnw verify 或 ./mvnw --projects KafkaInAction_Chapter2 verify，就应该能获得每一章所需的 JAR 包。

我们使用了 Maven Wrapper，如果你还没有安装 Maven，前面的命令将会为你下载并运行 Maven。如果你要运行特定的类，需要在 JAR 路径后面指定一个包含 main() 方法的 Java 类。代码清单 A.8 演示了如何运行第 2 章中的一个 Java 类。

注意：要成功运行这条命令，必须使用带有所有依赖项的 JAR 包。

代码清单 A.8    在命令行中运行第 2 章中的生产者类

```
java -cp target/chapter2-jar-with-dependencies.jar \
replace.with.full.package.name.HelloWorldProducer
```

## A.6    故障排除

本书所有的源代码都存放在 GitHub 网站上（请搜索"Kafka-In-Action-Book/Kafka-In-Action-Source-Code"）。如果你在运行本书的示例时遇到了问题，这里有一些通用的故障排除技巧。

- 在运行本书的代码和命令行示例之前，请确保已经启动了集群。
- 如果你没有正确地关闭集群，在下一次启动时端口可能会被旧进程占用。你可以使用 jps 或 lsof 之类的工具查看哪些进程正在运行，并确定需要终止哪些进程。
- 除非另有说明，否则都应该在安装目录中运行命令。如果你对命令行很熟悉，可以按照你的方式（例如，添加环境变量和别名等）使用命令行。
- 如果在运行命令时提示找不到命令，请检查你的安装目录。你是否已经将文件标记为可执行文件？执行 chmod -R 755 可以解决问题吗？bin 目录已经添加到环境变量 PATH 中了吗？如果这些方法都不起作用，就尝试使用命令的绝对路径。
- 检查每一章的源代码中是否有 Commands.md 文件。这个文件包含每一章中使用的命令。README.md 文件也提供了很多额外的信息。

# 附录 B 客户端示例

尽管本书的示例代码主要集中在 Java Kafka 客户端上，但是对于新用户来说，最简单的莫过于使用他们熟悉的编程语言编写示例。Confluent Platform 还列出了它支持的所有客户端（参见 Confluent 文档 "Kafka Clients"）。在本附录中，我们将探究 Python Kafka 客户端，并列出一些有关测试 Java 客户端的注意事项。

## B.1 Python Kafka 客户端

我们看一看 Confluent 的 Python 客户端。使用 Confluent 客户端的好处是你会对客户端的兼容性更有信心，因为它不仅与 Kafka 兼容，还与 Confluent 的全部平台产品兼容。我们看看如何使用 Python 客户端（一个生产者和一个消费者）。首先，我们简单讨论一下如何安装 Python。

### B.1.1 安装 Python

如果你是 Python 用户，可能已经安装了 Python 3；否则，需要安装 librdkafka。如果你使用的是 Homebrew，可以使用 brew install librdkafka 命令来安装它。

接下来，你需要一个客户端包作为代码的依赖项。你可以使用 pip install confluent-kafka 安装 Confluent 的 Kafka 包（参见 GitHub 网站上的 confluent-kafka-python）。有了这些先决条件，我们就可以开始构建一个简单的 Python 生产者客户端了。

### B.1.2 Python 生产者示例

代码清单 B.1 是一个使用了 confluent-kafka-python 的 Kafka 生产者客户端示例，它向一个叫作

kinaction-python-topic 的主题发送了两条消息。

---

**代码清单 B.1 Python 生产者示例**

```
from confluent_kafka import Producer        ◁─┐ 首先导入 Confluent 包

producer = Producer(
    {'bootstrap.servers': 'localhost:9092'})  ◁─┐ 配置生产者客户端, 让它连接
                                                 │ 到特定的 Kafka Broker

def result(err, message):                   ◁─┐ 用于处理成功或失败
    if err:                                    │ 的回调函数
        print('kinaction_error %s\n' % err)
    else:
        print('kinaction_info : topic=%s, and kinaction_offset=%d\n' %
        (message.topic(), message.offset()))

messages = ["hello python", "hello again"]  ◁─┐ 数组包含要发送的
                                               │ 消息
for msg in messages:
    producer.poll(0)
    producer.produce("kinaction-python-topic",  ◁─┐ 发送所有的消息
    value=msg.encode('utf-8'), callback=result)    │ 到 Kafka

producer.flush()    ◁─┐ 确保消息都已发送出去,        控制台输出中包含两条
                       │ 不会停留在缓存中           ◁─┐ 已发送消息的元数据
# Output
#kinaction_info: topic=kinaction-python-topic, and kinaction_offset=8

#kinaction_info: topic=kinaction-python-topic, and kinaction_offset=9
```

要使用 Confluent 包, 首先需要导入 confluent_kafka 依赖。然后, 你可以通过一系列配置设置生产者客户端, 包括要连接的 Broker 的地址。在代码清单 B.1 中, 在每一次调用 produce() 方法后, 无论调用成功还是失败, 都会触发回调方法执行一些逻辑。之后, 示例代码遍历消息数组, 依次发送每一条消息。接下来, 它调用 flush() 方法来确保消息已经发送给 Broker, 而不是在排队等待发送。最后, 把结果输出到控制台。现在, 我们转向消费者端, 看看如何用 Python 编写消费者代码。

## B.1.3 Python 消费者示例

代码清单 B.2 是一个使用了 confluent-kafka-python 的 Kafka 消费者客户端示例(参见 GitHub 网站上的 consumer.py)。我们将用它读取代码清单 B.1 中 Python 生产者生成的消息。

---

**代码清单 B.2 Python 消费者示例**

```
from confluent_kafka import Consumer        ◁─┐ 首先导入 Confluent 包

consumer = Consumer({
```

```
        'bootstrap.servers': 'localhost:9094',        ◁——— 配置消费者客户端,让它连接到特
        'group.id': 'kinaction_team0group',                  定的 Kafka Broker
        'auto.offset.reset': 'earliest'
})

consumer.subscribe(['kinaction-python-topic'])   ◁——— 消费者订阅主题

try:
    while True:
        message = consumer.poll(2.5)   ◁——— 通过无限循环
                                             轮询消息
        if message is None:
            continue
        if message.error():
            print('kinaction_error: %s' % message.error())
            continue
        else:
            print('kinaction_info: %s for topic: %s\n' %
                (message.value().decode('utf-8'),
                 message.topic()))

except KeyboardInterrupt:
    print('kinaction_info: stopping\n')
finally:
    consumer.close()   ◁———| 释放资源

# Output    ◁———| 将已消费的消息输出到控制台
# kinaction_info: hello python for topic: kinaction-python-topic
```

与代码清单 B.1 中的生产者示例类似,我们首先需要确保已经导入了 confluent_kafka 依赖。然后,我们用配置属性配置消费者客户端,包括要连接的 Broker 的地址。消费者客户端订阅它想要读取的主题,在本例中只有一个叫作 kinaction-python-topic 的主题。与 Java 消费者客户端一样,我们使用了一个永不结束的循环,消费者在这个循环中定时轮询 Kafka 中的新消息。示例输出包含一条成功发送的消息和这条消息的偏移量。如果客户端关闭,finally 代码块会在提交已消费的偏移量后离开消费者组,以此来优雅地关闭客户端。

本节的 Python 示例很简单,旨在向非 Java 开发人员展示不仅可以使用 Python 与 Kafka 交互,还可以使用其他大多数编程语言与 Kafka 交互。但注意,并不是所有的客户端都支持与 Java 客户端相同的特性。

# B.2 客户端测试

第 7 章简单地介绍了如何使用 EmbeddedKafkaCluster 进行测试。现在,我们将探究在将 Kafka 代码部署到生产环境之前对其进行测试的替代方案。

## B.2.1 Java 单元测试

单元测试侧重于检验软件的单个单元。理想情况下，这种独立的测试不应该依赖其他组件。但是，如何在不连接到真实 Kafka 集群的情况下测试 Kafka 客户端类呢？

如果你熟悉像 Mockito 这样的测试框架，你可能会创建一个 Mock 生产者对象来代替真实的生产者对象。幸运的是，官方的 Kafka 客户端库已经提供了这样一个 Mock，叫作 MockProducer，它实现了 Producer 接口（参见 Apache Software Foundation 网站上的 MockProducer<K,V>. Kafka 2.7.0 API）。我们不需要使用真正的 Kafka 集群来验证生产者的逻辑是否正确。Mock 生产者还提供了一个 clear()方法，调用这个方法可以清除 Mock 生产者已记录的消息，然后继续运行后续的测试。类似地，消费者也有一个 Mock 实现。

## B.2.2 Kafka Testcontainers

正如第 7 章提到的，Testcontainers 是另一个选项。EmbeddedKafkaCluster 依赖运行在内存中的 Kafka Broker 和 ZooKeeper，而 Testcontainers 则依赖 Docker 镜像。